制造技术设计范例
——源自德国生产实践

[德] Heinrich Krahn，Michael Storz　著

林松　邢元　译

电子工业出版社

Publishing House of Electronics Industry

北京·BEIJING

内 容 简 介

本书介绍了在机械制造和夹具制造的实践应用中成熟的设计案例。通过全剖图、文字说明、CAD 模型系统地展示了这些专用设备以及支撑和定位装置。本书所述的全部 3D 设计方案在互联网上都有实体模型，所有数据都以 step、iges、dwg 格式存储，这些结构设计的相应视频可以通过扫描二维码在 YouTube 上查看。读者可根据自己的需求，快速获取自己需要的解决方案。

本书简体中文专有翻译出版权由 Springer Science+Business Media 授予电子工业出版社。专有翻译出版权受法律保护。

版权贸易合同登记号　　图字：01-2016-9447

图书在版编目（CIP）数据

制造技术设计范例：源自德国生产实践/（德）海因里希·克拉恩（Heinrich Krahn），（德）米夏埃尔·施托尔茨（Michael Storz）著；林松，邢元译. —北京：电子工业出版社，2017.3

书名原文：Konstruktionsleitfaden Fertigungstechnik

ISBN 978-7-121-30757-7

Ⅰ. ①制…　Ⅱ. ①海…　②米…　③林…　④邢…　Ⅲ.①机械制造－工艺装备－设计－技术规范－德国　Ⅳ.①TH16-65

中国版本图书馆 CIP 数据核字（2016）第 321890 号

策划编辑：李　洁
责任编辑：刘真平
印　　刷：北京嘉恒彩色印刷有限责任公司
装　　订：北京嘉恒彩色印刷有限责任公司
出版发行：电子工业出版社
　　　　　北京市海淀区万寿路 173 信箱　邮编　100036
开　　本：787×1 092　1/16　印张：21　字数：537.6 千字
版　　次：2017 年 3 月第 1 版
印　　次：2017 年 3 月第 1 次印刷
印　　数：3 500 册　定价：69.80 元

凡所购买电子工业出版社图书有缺损问题，请向购买书店调换。若书店售缺，请与本社发行部联系，联系及邮购电话：（010）88254888，88258888。

质量投诉请发邮件至 zlts@phei.com.cn，盗版侵权举报请发邮件至 dbqq@phei.com.cn。

本书咨询联系方式：lijie@phei.com.cn。

译 者 序

本专著系统地收集了在机械制造加工中和工装夹具制作中成功的设计实例，特别是其中的非标工装夹具、支撑和定位元件等。书中实例都通过有文字标识的全剖视图以及 CAD 模型展示出来，其中 3D 设计模型在相关网络中提供了免费下载。本书涵盖的内容有如下 12 个方面：

- 冲压工具
- 折弯装置和折弯夹具
- 测量装置
- 焊接夹具
- 铣削装置
- 夹具
- 液压和气压技术
- 钻孔夹紧装置
- 装配装置和拆卸装置
- 传动技术
- 联轴器
- 特殊设计

在本书的翻译工作中，硕士研究生郭紫薇（第 6、8~10 章）、宋泽芸（第 1~5、7、11 章）和朱旭（第 4、12~14 章）分别提供了各章的翻译初稿，在此对他们的辛勤劳动表示衷心感谢。

本书可供以下读者使用：

- 设计者、工程师、制造工艺师、高级技工，以及参加 CAD 课程的培训人员、从事设计工作的技术人员；
- 高等院校和职业技术学校中，从事工程技术和机械制造专业的学生。

关于作者

Heinrich Krahn：在大众汽车有限集团，长期从事非标工装夹具的设计。

Michael Storz：（机械制造 Dipl.-Ing.）25 年来，拥有一个自己的设计室，一直从事从样品到系列生产的产品研发工作。

关于译者

林松：在德国获得机构学博士学位、完成博士后研究，任教于德国德累斯顿工业大学近 20 年，现任同济大学中德学院产品研发方法及可靠性教席主任，从事产品研发方法、虚拟产品生成、智能机构传动和技术系统可靠性方面的教学和研究工作。

邢元：中英联合培养博士（英国布鲁内尔大学和天津大学），完成南开大学博士后研究。现任职于天津大学机械工程学院，从事医疗机器人行为安全性评估、医疗器械结构与材料一体化设计、机构创新设计理论与方法等方面的教学和研究工作。

前　　言

《制造技术设计范例》既可作为在职技术人员、设计师和工程师在工作实践中的工具书使用，又可作为机械制造和生产技术专业方向在校生的教科书使用。

机床、夹具、装配和拆卸对制造产品设计起着重要的影响作用。成功的制造企业在全世界联网，促使全球范围内的设计师和工程师研制新技术、新材料和开发新工艺，以制造出越来越好的产品，并在国际市场中保持领先地位。部门内部设计思想的充分交流是一个与时间和成本有关的重要因素。

本书尤其适用于设计师寻求新的解决方案或者经过实践检验可行的类似方案。书中应用示例均以3D或者2D图形式表达，设计者和用户也可以用自己的方式去设计和使用书中范例。

本书使用二维码将传统纸质环境与现代数字环境结合起来，读者只需通过扫描，便可立即跳转到所需信息网页上。

在数字化世界中，通过公众社会的参与，本书将不断获得新数据充实和更多专业注评，不断完善。所以，这也是一本有生命的书。

书中绘制的所有 3D 设计的实体模型都以数字化方式存储在网站上，供读者免费下载。所有数据都以 step、iges、dwg 格式存储，这些结构设计的相应视频还可以通过扫描二维码在 YouTube 上查看。

感谢 Springer Vieweg 出版社机械工程审校部的 Imke Zander 女士和工学硕士 Thomas Zipsner 先生的专业指导。

我们希望读者和用户在机床和夹具的规划、设计以及实际应用中取得成功。

我们非常乐意接受批评和建议。

Heinrich Krahn

Michael Storz

2014 年 5 月于 Baunatal, Donaueschingen

目　录

导论和说明

面向制造的设计

描述说明

面向制造的设计是指在产品结构设计时考虑融合制造过程影响因素，以尽可能简化制造过程、降低制造成本和缩短制造时间，并保证与制造有关的产品质量。内容包括：

- 简化制造过程或者使用更简单的制造方法；
- 增加制造工艺可靠性以降低误差；
- 提高自动化程度。

由于制造工艺具有多样性，面向制造的设计可按制造工艺特征继续细化。例如，面向铸造的设计或面向焊接的设计通常是一个数控加工过程设计，实际上也是面向自动化制造的设计。

应用领域

- 面向制造工艺的设计，主要应用于设计过程中的初始阶段。因为，在设计初期会确定最基本的与制造过程有关的产品特性。当然，在技术方案设计和结构细化设计阶段，也应当对制造方面的因素予以考虑。
- 面向制造的设计，应同时兼顾对物流和操纵过程的优化，以及基于材料和可回收性的结构造型。

推广应用

在文献中，产品的可制造性是除了可装配性和可回收性以外最常被提及的设计要素。在设计过程中，充分考虑与制造相关的限制条件是保证达到产品预期时间、质量及成本目标的必备前提条件。产品的可制造性在大批量新产品制造中已得到了广泛应用；而在单件制造和小批量制造中，特别是在产品的适应性设计中，面向制造的设计还没有得到足够的重视。

前提条件

要实现面向制造的设计，基本先决条件是对所有适合的制造工艺具有清晰认识。为此，不仅要考虑可供使用的机械设备群，还要考虑外包的可能性，或者附加加工材料的购买。设计者除了利用自己从以往产品制造中积累的经验，借助一系列技术指导规范外，还可以了解在不同制造方式中的优/劣实例。如果设计者在尽可能早的设计阶段与标准部门、生产筹备、质量控制、采购和其他各个生产环节合作并获得相关信息，那么，面向制造的设计就变得更加容易了。

实施目标

设计师在进行面向制造的设计时应着眼于以下五个目标:

- *面向制造的结构组成*:通过对单一零件和部件,自制件和外购件,新制件、重复件和标准件的系统分类,确定制造流程。
- *面向制造的工件构形*:借此,确定零件的制造工艺、制造设备和生产质量。
- *面向制造的材料选取*:借此,确定加工工艺、制造设备、材料物流和质量控制。
- *标准件及外购件的采用*:影响生产能力、仓储管理以及生产的经济性。
- *面向制造的零件加工文件*:其制定必须考虑零件的加工方式、加工流程和质量控制。

面向制造的设计是指设计中要遵守一般设计原则,即"简单"和"单一定义",借助技术指导标准得以说明。

这也意味着,制造公差的选择应尽可能大,由此,就可以采用简单加工过程,省略所有后序加工,降低废品率,以及用简单方法替代高成本测试过程。

此外,还应使加工工序数量最小化,从而避免部分烦琐设备的更换,并且使尽可能多的工步在一次装夹中完成。目的就是希望通过流程整合,尽可能使所有加工工序能在一台设备上完成,以减少加工时间和等待时间,提高加工精度,避免不必要的操作,并且减轻工作管理负担。其次,通过零件要素标准化,可以减少加工刀具更换次数。

另一个重要的出发点是减少零件的类型数,采用更多的标准件可以对改进制造起到积极作用。使用企业内外制定的标准可以带来同样的效果。

优点

- 可简便和快速地执行;
- 具有普适性。

缺点

- 没有现成的方法体系,只有好/坏范例;
- 只有片面优化,没有使用系统方法去考虑竞争机制的影响,以得到最佳解决方案;
- 没有对其他替代方案进行评估的可能性。

2 冲压工具

3D 图样和 21 个应用示例
2D 图样和 18 个应用示例

3D 设计一览

2D 设计一览

冲压工具

在冲压过程中，由不同材料（金属、纸板、纺织品等）制成的工件是经由一个压力装置和一个剪切装置加工而成的。

冲压模具上模的内部形状与下模（凹模）的开口形状相对应（如冲头与冲孔）。底座可以为平坦表面，这样，工件上表面即由具有相关形状的封闭切刀剪切形成（比如，在一穿孔钳处）。

通过具有一定顺序的周期性冲压来切制复杂钣金件的方法，称为渐进冲压法。

为了实现高效冲压，通常把焊接、卷边、铆接和成型等加工工序整合到专用的级进模中完成，这些部分高度复杂的模具可以被有效地使用和保护。冲压工艺的常见问题是冲料随模具的运动，这既会损坏工具又会损坏产品，此外，它们也会导致生产过程滞后。为了有效地减少或避免这些问题的出现，在冲压设备中，冲头上弹簧式印模和冲压平面上一般都装有特制的抛光片以及力或声波传感器。

在这之后或几乎同时出现了带钢切割技术。为了将碳钢带（切割线）插入胶合板的插槽中，用线锯机或激光切割将其弯曲。为了实现喷射功能，在切割线之间的空间填充材料，如橡胶。这里有一个生产啤酒盖的实例。

冲压（模具）

冲压是一种通过切割和弯曲操作使工件在一个由两部分组成的模具中经一次行程成型的加工工艺。该模具包含一个上模和一个下模（凸模和凹模）及其中间的物料。在冲压过程中，冲头经一个快速、强力的机械行程向下冲击。凸模和凹模在行程的终点处相互配合得到的形状，就是工件要求的形状。

定义：冲压

利用冲压技术，工件主要由钣金件、金属带材、塑料薄板、纸张、皮革、纺织品和密封材料制成。两部分成型模具由上模和下模组成，通常安装在压力装置中。

高性能冲压

高性能冲压件由卷材（卷绕的金属带材）直接冲压而成，它是一种具有 250～40000kN 的冲压力和高达每分钟 1400 个冲程的精密冲压方式。

在生产过程中，冲压模具（冲头、弯曲工具或连续模）起到决定性的作用，因为冲压模具在极高的冲程数下会受到巨大的负载。冲压件的再加工在部件的制造中越来越常见，尤其在注塑成型中。

冲裁间隙

冲裁时，冲裁间隙（也称剪切间隙）是垂直于剪切平面的上下刃口之间的测量距离，即两个相对移动的凸模刃口和凹模刃口横向尺寸的差值。

在冲裁金属板时，最优冲裁间隙的大小取决于金属板的厚度和材料的强度，通常为金属板厚度的 2%～5%，以较低的侧边为下界，从而获得更好的冲裁面质量。由刀具磨损引起的较大冲裁间隙会导致工件切削刃上毛刺数目增加。典型的冲裁间隙被设计成：使上刀刃与下刀刃产生的裂纹相迎，而不是相错。这样尽管只能获得稍差的表面质量，但可以达到足够的尺寸精度和最佳的经济性。

因此，冲裁间隙的尺寸和位置会影响刀具寿命，即刀具磨损前的最大切削次数。这里提到的刀具寿命也与切割有关。过大的冲裁间隙会阻碍切割，并且它会导致工件挤压时产生严重的毛刺现象。

综上所述，冲裁间隙会影响：

- 工件的毛刺高度、切割面的压痕和倾斜度
- 切割面的表面质量
- 工件的尺寸精度
- 所需的切削力
- 切削工具的磨损和可能的刀具寿命

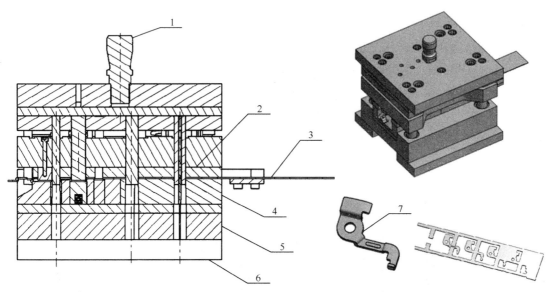

图 2-1　用于快速张紧器的冲压-弯曲装置

1 固定销；2 导向板；3 连续冲压材料；4 冲裁凹模；5 导向板；6 固定板；
7 工件

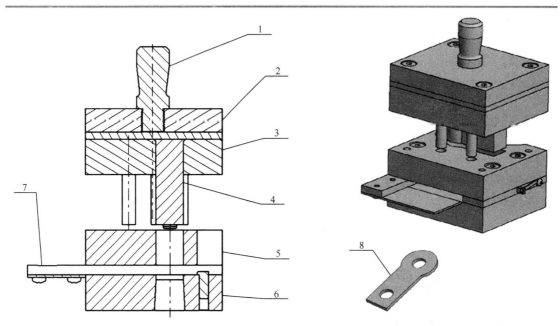

图 2-2　加工双孔板的连续冲裁模具

1 固定销；2 上模板；3 凸模固定板；4 冲裁凸模；5 导向板；6 底座；7 导向板；
8 工件

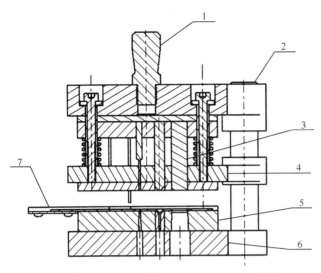
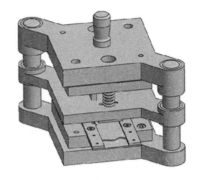

图 2-3　加工盖板的级进模

1 固定销；2 上模板；3 冲裁凸模；4 导向板；5 模板；6 底座；
7 凸模固定板；8 工件

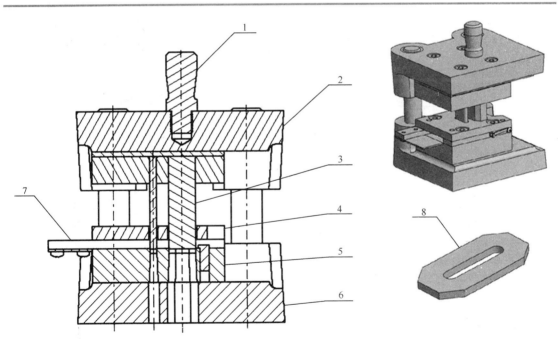

图 2-4　导柱式模架-板和孔的连续冲裁

1 固定销；2 上模板；3 冲裁凸模；4 导向板；5 模板；6 底座；
7 凸模固定板；8 工件

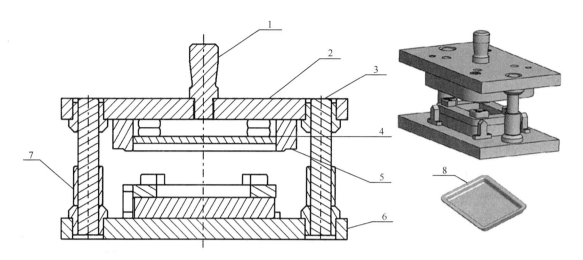

图 2-5　加工拉深件的修整工具

1 固定销；2 上模板；3 导柱；4 上推料机；5 上刀具；6 底座；7 隔离套筒；
8 工件

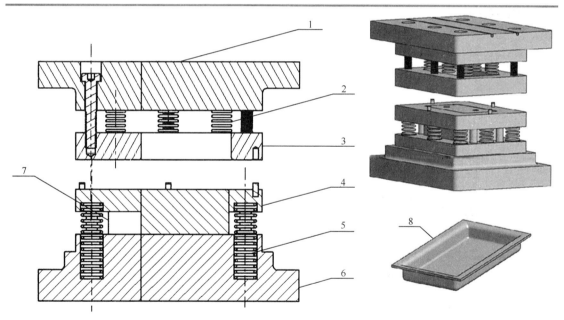

图 2-6　加工有槽零件的拉拔模具

1 上模板；2 压缩弹簧；3 上拉模环；4 推料压边装置；5 下压缩弹簧；6 底座；
7 下拉深凸模；8 工件

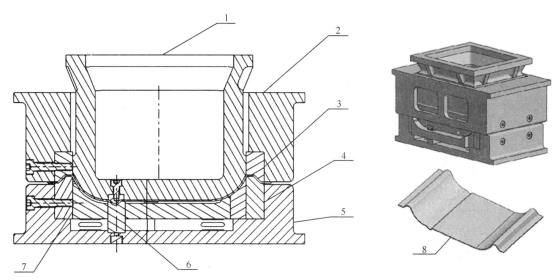

图 2-7　具有制动凸缘的拉拔模具

1 拉深模；2 压边装置；3 上拉杆；4 下拉杆；5 底座；6 制动凸缘；7 下推料器；
8 工件

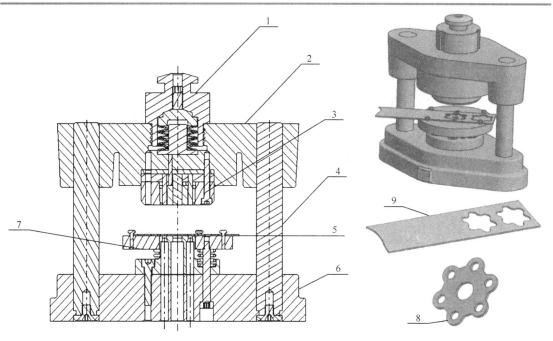

图 2-8　样板完整冲裁模

1 固定销；2 上模板支架；3 上推料器；4 导柱；5 带材；6 底座；
7 侧导板推料器；8 工件；9 连续带

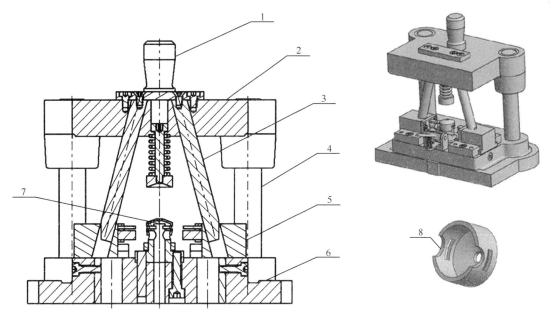

图 2-9　楔形驱动的冲孔模具

1 固定销；2 上模板支架；3 斜导向柱；4 支柱；5 组合滑块；6 底座；
7 工件夹具；8 工件

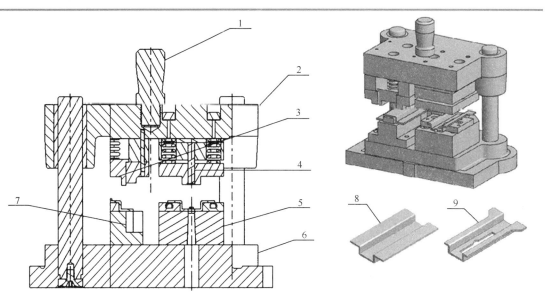

图 2-10　切边、冲孔的两用装置

1 固定销；2 上模板支架；3 上推料器；4 冲压凸模；5 冲裁凹模；6 底座；
7 冲裁凸模；8 切边件；9 冲孔成型件

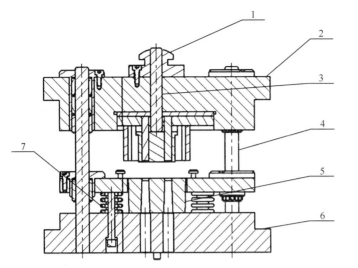
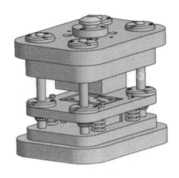

图 2-11　加工模板的完全切割冲孔装置

1 固定销；2 上模板支架；3 上推料螺杆；4 导向柱；5 冲裁凹模；6 底座；
7 退料压力弹簧；8 工件

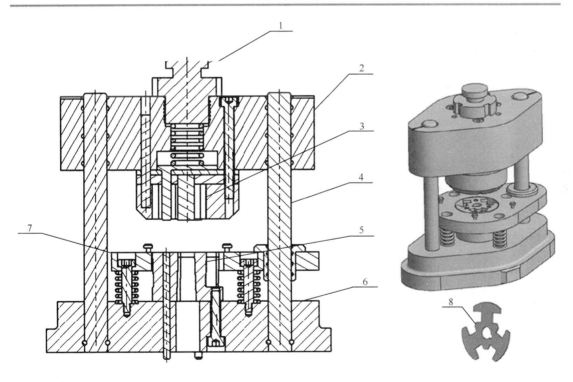

图 2-12　加工星形硅钢片的完全切割冲孔装置

1 固定销；2 上模板支架；3 冲裁凸模；4 导向柱；5 冲裁凹模；6 底座；
7 脱模板；8 工件

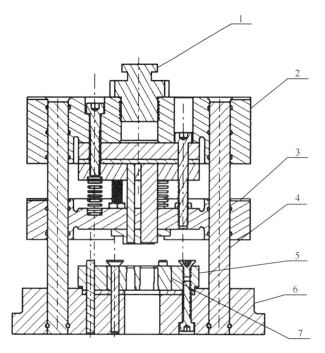

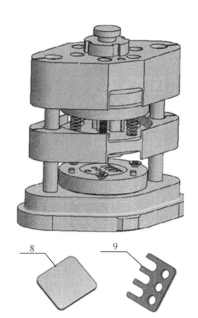

图 2-13　具有冲孔模的冲孔装置

1 固定销；2 上支架；3 推料板；4 导向柱；5 安装平台；6 底座；
7 切削刀片；8 加工前工件；9 样板

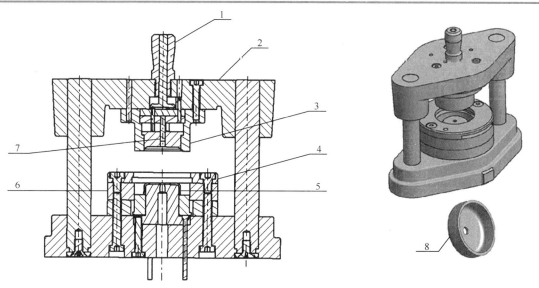

图 2-14　加工带钻孔盖的冲裁-拉拔装置

1 固定销；2 上支架；3 上冲裁拉拔凸模；4 退料板；5 下冲裁拉拔凸模；
6 切割环；7 上推料器；8 工件

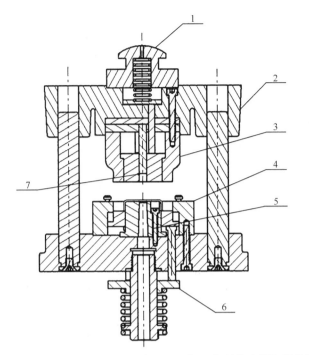
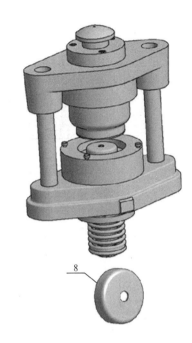

图 2-15　加工盆形件冲裁拉拔装置

1 固定销；2 上模板；3 上冲裁拉拔凸模；4 支承板和凹模；5 下拉拔凸模；
6 压板；7 冲孔凸模；8 工件

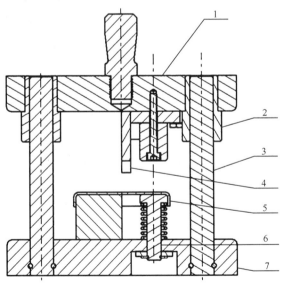
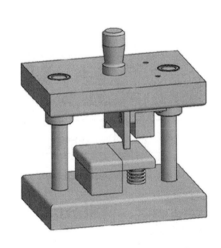

图 2-16　加工盆形件的切断装置

1 上模板；2 导向套筒；3 导向柱；4 切断刀；5 盆形件；6 推力螺栓；
7 底座

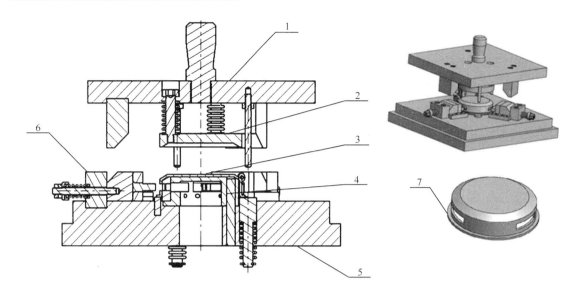

图 2-17　加工盖的具有楔形滑块的冲孔设备

1 上模板；2 压板；3 工件；4 安装平台；5 底座；6 推板；7 工件

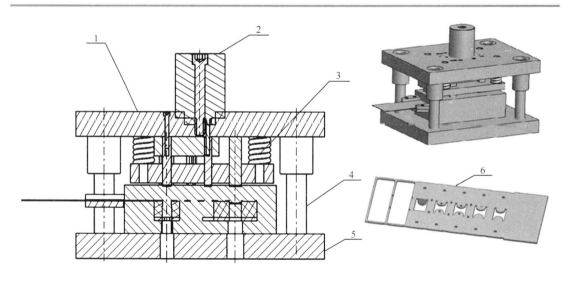

图 2-18　级进-冲压装置

1 上模板；2 夹紧杆；3 压力弹簧；4 导向柱；5 底座；6 冲压带

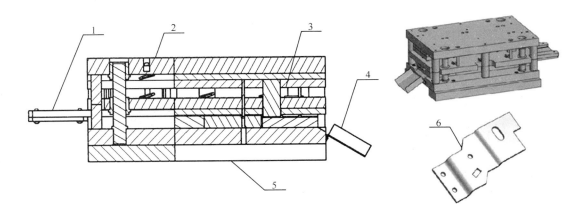

图 2-19   冲压-弯曲设备

1 冲压带下料口；2 上导板；3 冲压凹模；4 材料排出斜面；5 底座；6 工件

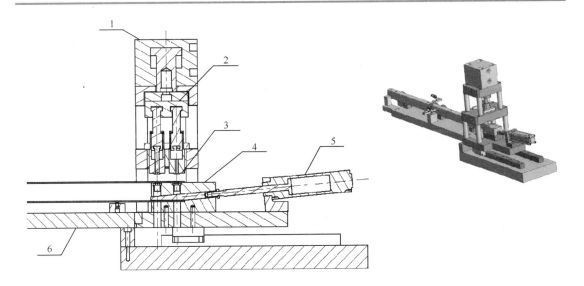

图 2-20   冲压-冲孔设备

1 气缸；2 冲头座；3 冲孔凸模；4 方形工件；5 推力气缸；6 支架台

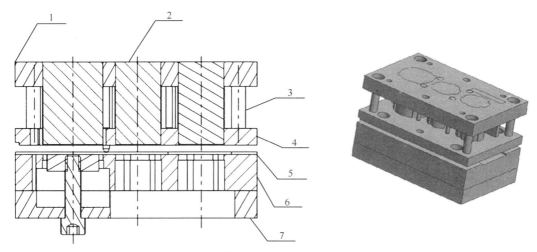

图 2-21　冲压装置的构造

1 上模板；2 凸模座；3 导向柱；4 中间板；5 冲压带导轨；6 下模块；7 底座

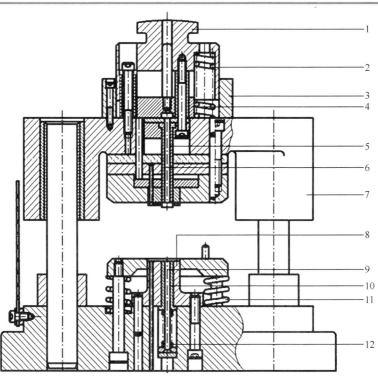

图 2-50　去毛刺冲压设备

1 固定销；2 压缩弹簧；3 定位环；4 上模板；5 导向套筒；6 去毛刺凸模；
7 导柱式模架；8 凸模底座；9 去毛刺凸模；10 导向套筒；11 压缩弹簧；
12 压缩弹簧

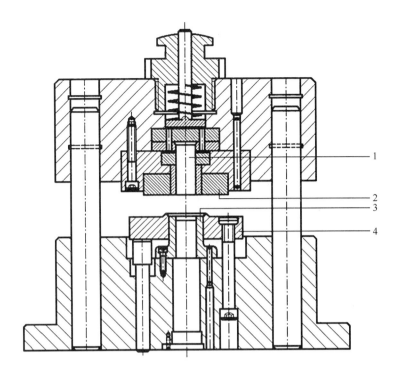

图 2-51　环形凹口精冲压设备

1 冲孔凸模；2 冲压凹模；3 冲压凸模；4 环形凹口板

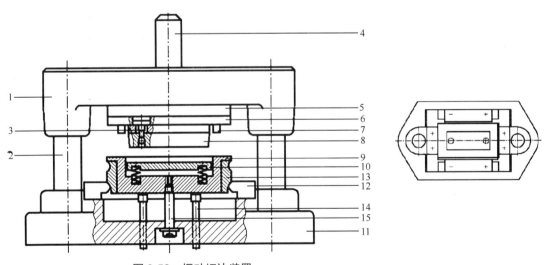

图 2-52　振动切边装置

1 上部；2 导向柱；3 安全螺栓；4 固定销；5 中间板；6 冲裁凹模；
7 定距螺栓；8 隔板；9 刀体；10 推料器；11 下部；12 楔形杆；13 弯曲杆；
14 压紧螺栓；15 紧固螺栓

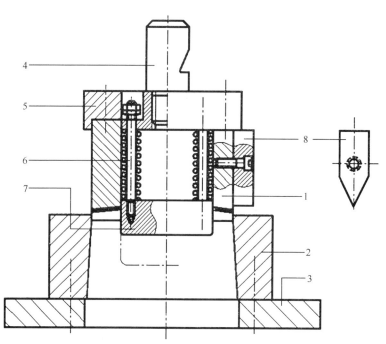

图 2-53 切边装置-废料剪

1 环形冲头；2 冲裁凹模；3 底座；4 固定销；5 凸模头；6 压力弹簧螺栓；
7 中央凸模；8 废料剪

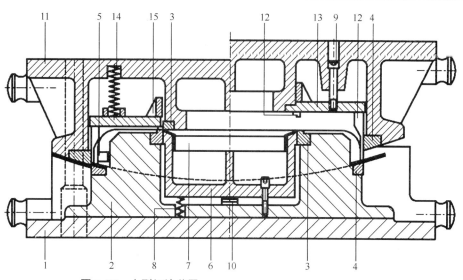

图 2-54 大型切边装置

1 底座；2 托架；3 内切割挡块；4 外切割挡块；5 托架挡块；6 推料器；7 盖板；
8 推料弹簧；9 螺钉；10 挡料架；11 凸模头；12 向下紧固螺栓；13 下支持板；
14 压力弹簧；15 三角垫片

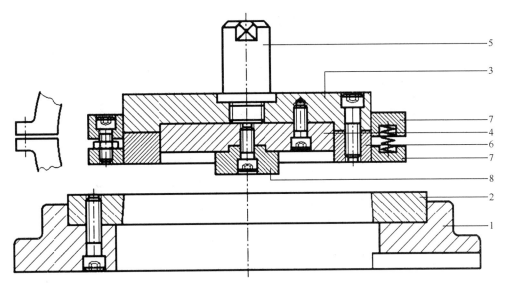

图 2-55　自由冲裁-弹簧卸料器

1 机架；2 分离切割环；3 凸模固定板；4 定心盘；5 固定销；6 切割环；
7 卸料器；8 止动盘

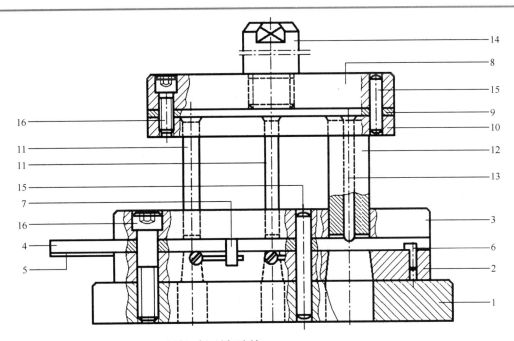

图 2-56　连续切割-销钉连接

1 底座；2 冲裁凹模；3 导向板；4 导轨；5 支承板；6 销钉连接；7 挡板；
8 上模板；9 压盘；10 支承板；11 预打孔冲头；12 冲裁凸模；13 定位销；
14 销；15 圆柱销；16 圆头螺栓

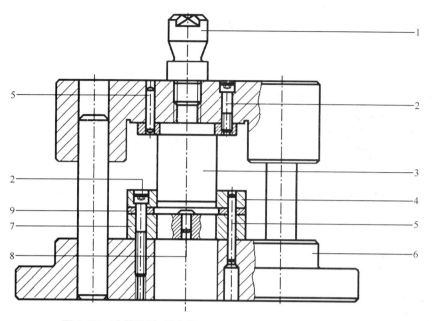

图 2-57　冲裁装置-导向杆

1 固定销；2 螺栓；3 冲裁凸模；4 导向板；5 圆柱销；6 导向柱机架；
7 冲裁凹模；8 定位销；9 中间衬垫

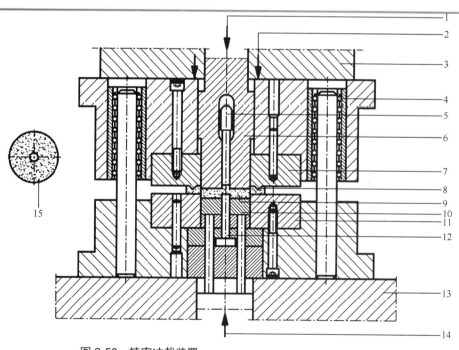

图 2-58　精密冲裁装置

1 冲裁力；2 压力；3 压力机滑块；4 滚珠导轨；5 推出杆；6 冲裁凸模；7 压板；
8 环形凹口；9 工件；10 推板；11 冲裁凹模；12 冲孔凸模；13 底座；14 支承力；
15 剖面

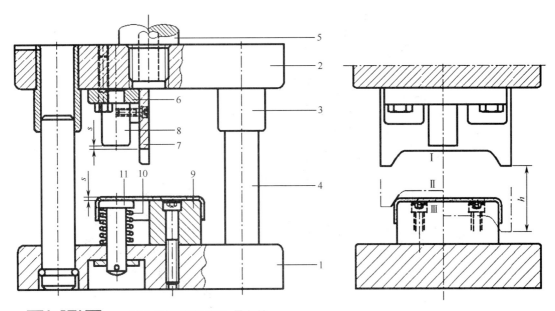

图 2-59 切断装置-导向柱

1 底座；2 上模板；3 导向套筒；4 导向柱；5 销；6 支架；7 切断刀；8 螺栓；
9 冲裁凹模；10 压力弹簧；11 销钉；h=高度；s=板材厚度

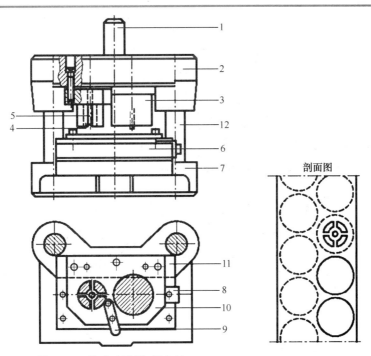

图 2-60 转动冲孔模-导向柱

1 固定销；2 上部；3 冲头；4 外冲孔凸模；5 内冲孔凸模；6 冲裁凹模；7底座；
8 挡块；9 挡块；10 卸料板；11 定位面 12. 柱

21

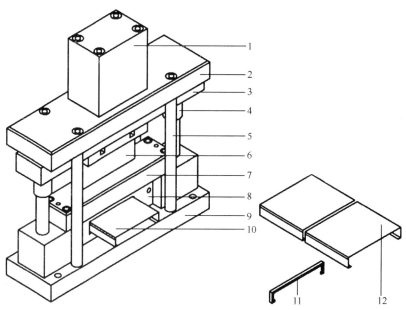

图 2-61　分离冲压装置

1 液压缸；2 顶盖；3 压板；4 导向柱；5 支承柱；6 分离冲头；7 导向板；
8 冲裁凹模；9 底座；10 工件冲裁凹模；11 废料；12 工件

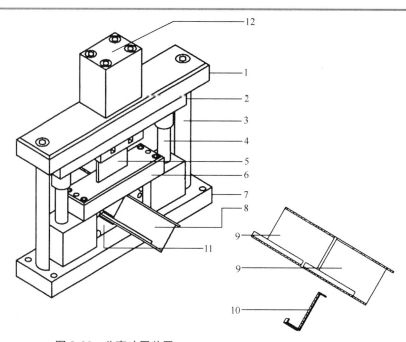

图 2-62　分离冲压装置

1 上模板；2 压板；3 支承柱；4 导向柱；5 冲头；6 导向板；7 底座；
8 工件导向板；9 工件；10 废料；11 冲裁凹模；12 液压缸

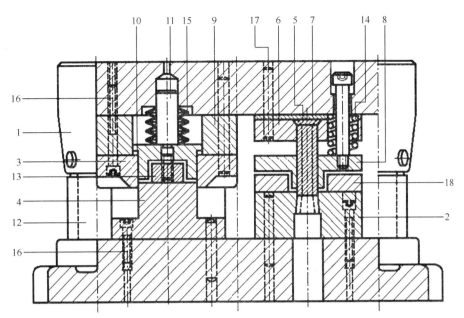

图 2-63　圆柱导向双冲头设备

1 圆柱机架；2 冲裁凹模；3 切断刀；4 冲裁凸模；5 成型冲头；6 支承板；
7 压板；8 卸料器；9 中间件；10 推料器；11 弹簧螺栓 12 定距套；13 定心块；
14 弹簧；15 碟形弹簧；16 螺栓；17 圆柱销；18 支承

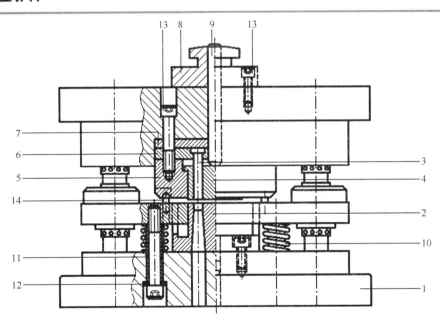

图 2-64　复合模-滚珠导轨

1 工件底部；2 冲裁衬套；3 冲孔凸模；4 推料器；5 冲裁凹模；6 支承板；
7 压板；8 连接销；9 螺栓；10 弹簧；11 衬套；12 垫片；13 螺栓；14 圆柱销

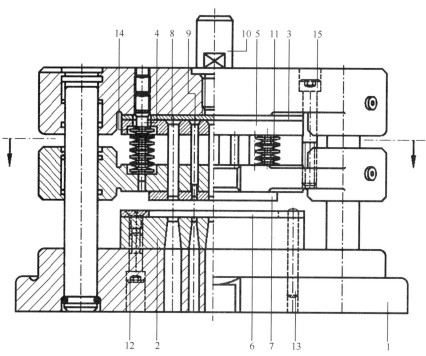

图 2-65 多孔圆柱导向冲裁设备

1 机架；2 冲裁凹模；3 压板；4 弹簧螺栓；5 支承板；6 止推板；7 导向板；
8 冲孔凸模；9 冲孔凸模；10 销；11 碟形弹簧；12 螺栓；13 碟形弹簧；
14 固定螺栓；15 紧固螺栓

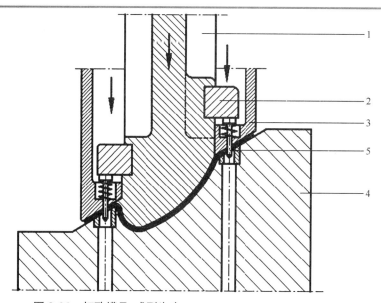

图 2-66 打孔模具-成型生产

1 拉深凸模；2 压板；3 压边装置；4 拉深凹模；5 加工带凸缘的孔的弹簧打孔装置

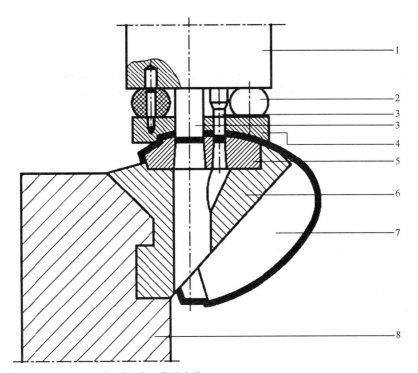

图2-67 打孔设备-成型冲孔

1 工件上部；2 橡胶弹簧；3 切割或打孔凸模；4 压板；5 冲裁凹模；6 工件夹具；
7 成型件；8 工件下部

3 折弯装置和折弯夹具

3D 图样和 12 个应用示例
2D 图样和 23 个应用示例

3D 设计一览

2D 设计一览

折弯机和折弯装置

将钢板和钢带弯曲，以实现对直棱的加工。所以，通常做法为：将片材或带材插入到模具中，然后凸模推入凹模中，预期的材料轮廓就成型了。

弯曲成型中，将毛坯固定，由弯矩引发的外部应力会导致塑性状态的改变，从而使毛坯成型。利用弯曲成型，我们可以重塑片材、型材和管材。弯曲仅发生在纯弯曲区。在冷塑性弯曲变形中，弯曲半径不能低于最小弯曲半径，否则外围纤维（拉伸区）材料塑性降低，导致出现裂纹。

在管材弯曲成型中，除了拉应力区的拉裂风险以外，还有压应力区的纵向弯曲风险。

带直线运动模具的弯曲成型过程中，与成型相关的机构组件是直线运动的。

自由弯曲成型意味着工件的形状是在模具中自由形成的,它没有形状封闭的弯曲截面导向限制。

在折边机中，板材被固定，突出部分被可翻转弯曲槽折弯。有更高的抗拉强度的较厚板材也能够以较短的弯曲长度和较大内部半径被折弯。

利用自动折弯机可以将带材或线材自动加工成精密零件。

根据 DIN 8586，弯曲是一种对固体的变形方式，通过这种方式可以将板材或带材制造成展开或者环形工件。

弯曲成型还用于板材成型法中，例如船舶制造、汽车制造和仪器制造中已成型零件、型材和管材的生产。

重要的弯曲工艺

在压弯工艺中，弯曲冲头压入弯曲冲模中。冲压完成后即成型。压弯可分为 V 形弯曲和 U 形弯曲。

V 形弯曲

弯曲冲头和弯曲冲模呈 V 形构造。初始阶段为自由弯曲。这样，工件的弯曲半径总是随时变化的。最终形状仅由冲压完成后的最后位置决定。

U 形弯曲

在 U 形弯曲成型中，同样也通过对工件的冲压获得工件的最终形状，它在弯曲行程中相对工件表面冲压。U 形弯曲件可以在一个弯曲模中，由冲头压入冲模成型，这样可以同时加工全部的弯曲边缘。

Z 形弯曲

Z 形弯曲件可以经过两次工序在一个简单的模具中弯曲成型或者在较大批量生产时采用单工序弯曲成型。然而在加工双角钢时，冲头必须同时作用于双角钢的两个位置并将它们压入冲模。

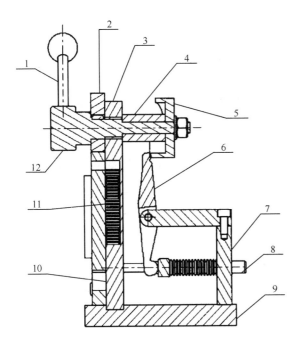

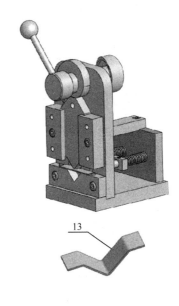

图 3-1　用于小批量的带推料器的折弯装置

1 操作杆；2 偏心轮；3 支承板；4 定距套筒；5 凸轮；6 推料器叉杆；7 支承板；
8 螺栓；9 底座；10 支承板；11 弯曲模弹簧；12 偏心轮轴；13 工件

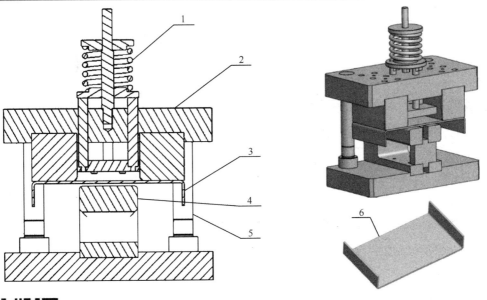

图 3-2　弯曲冲模

1 压缩弹簧；2 顶板；3 工件；4 弯曲模；5 导向柱；6 弯曲前工件

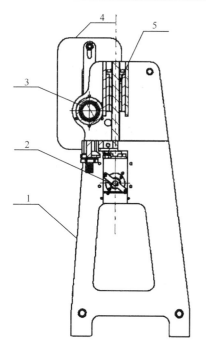
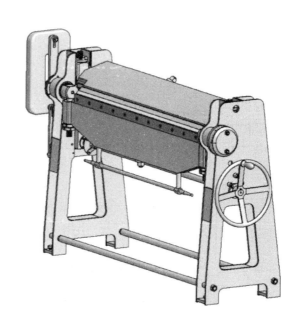

图 3-3　弯板机

1 机架；2 驱动轴轴承；3 弯曲辊轴承；4 壳体；5 弯曲半径调整装置

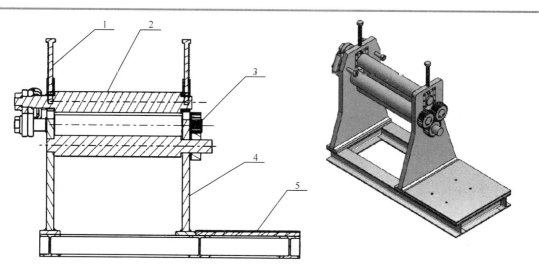

图 3-4　三滚筒折弯机

1 左侧板；2 上折弯轴；3 齿轮轴轴承；4 右侧板；5 底座

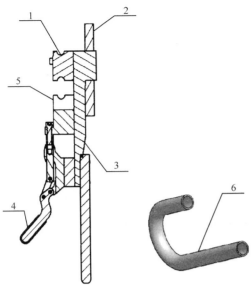
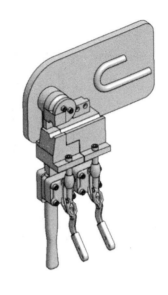

图 3-5 圆管弯管机

1 夹料钳口；2 底座； 3 调整杆；4 手柄；5 可调夹料钳口；6 弯曲后的工件

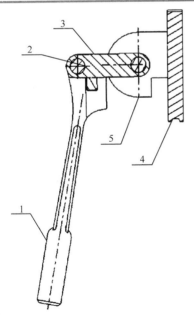
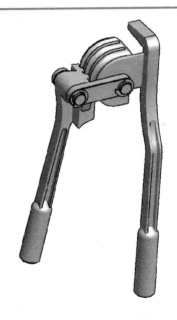

图 3-6 圆管折弯机

1 操纵杆；2 轴承；3 换向杆；4 弯曲模；5 支架

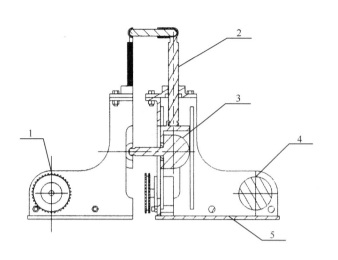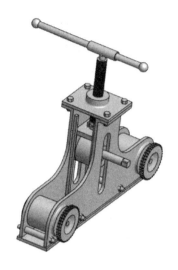

图 3-7　三滚筒折弯机

1 左折弯滚轮；2 折弯主轴；3 折弯滚轮；4 右折弯滚轮；5 底座

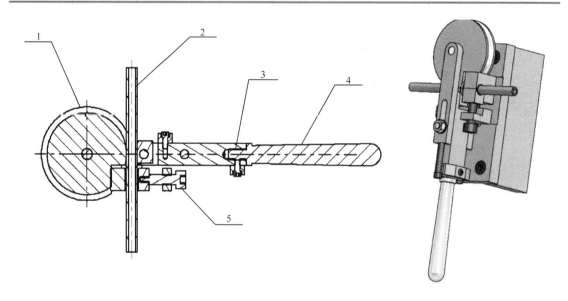

图 3-8　可调节圆管折弯机

1 折弯滚轮；2 工件；3 挡销；4 手柄；5 调整单元

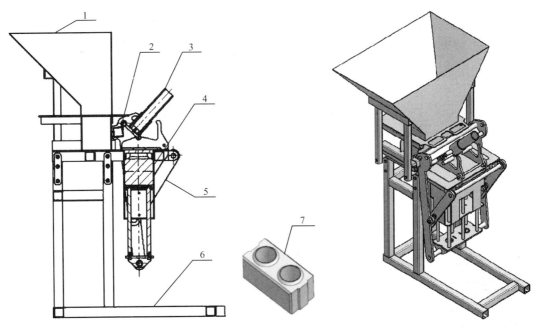

图 3-9　模压机

1 料斗；2 力传递轴承；3 压杆缩略图；4 木炭；5 传动装置；6 底座；7 压块

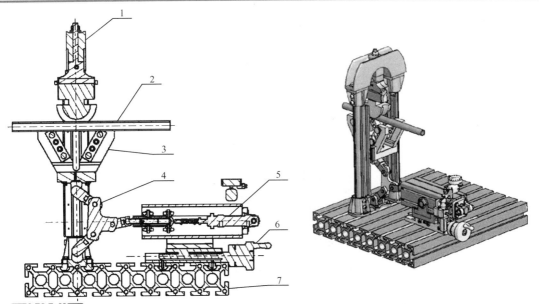

图 3-10　气动控制弯管机

1 折弯梁；2 管材（工件）；3 工件夹持装置；4 换向杆；5 液压缸；6 调整轮；
7 底座

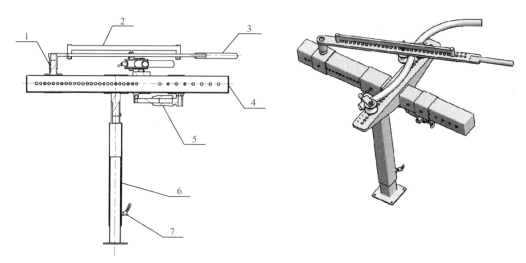

图 3-11　圆管折弯机

1 手柄支座；2 标尺；3 折弯手柄；4 框架；5 弯曲半径调节装置；6 可调支脚；
7 锁紧螺栓

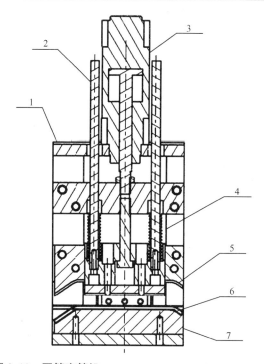

图 3-12　圆管弯管机

1 箱体壁；2 导向柱；3 气缸；4 压缩弹簧；5 夹料钳口；6 工件（圆管）；
7 折弯模具

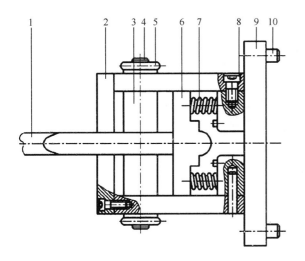
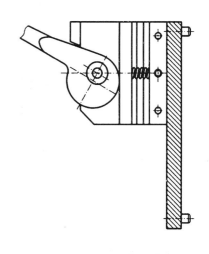

图 3-50　折弯夹具

1 偏心杠杆；2 挡板；3 套筒；4 轴；5 开口销；6 凸模；7 压缩弹簧；
8 六角螺栓；9 底座；10 螺栓

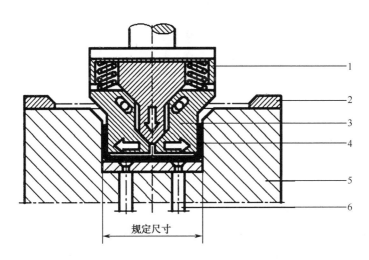

规定尺寸

图 3-51　精密部件弯曲冲模

1 凸模；2 支座；3 活动钳；4 工件；5 冲模；6 推料器

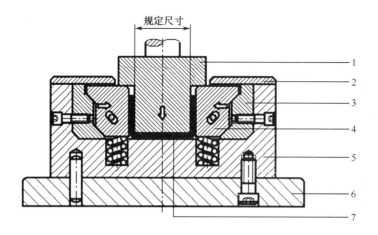

图 3-52　具有活动钳的折弯机

1 上冲模；2 支架；3 导向斜面；4 活动钳；5 下冲模；6 底座；7 工件

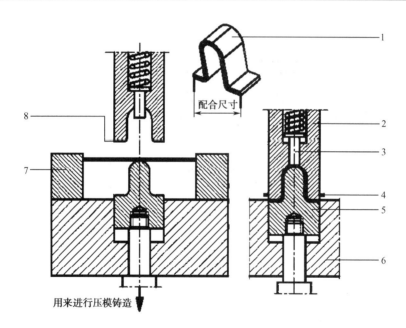

用来进行压模铸造

图 3-53　复合折弯机

1 工件；2 弯曲冲头；3 挤压销钉；4 压缩空气除废料装置；5 成型冲头；6 切边模；7 支架；8 切边刃

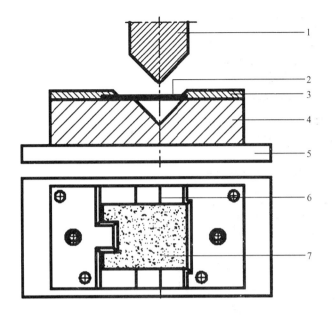

图 3-54 L 形零件折弯机

1 冲头；2 坯料；3 支架；4 冲模；5 底座；6 折弯边；7 嵌入坯料；8 成型工件

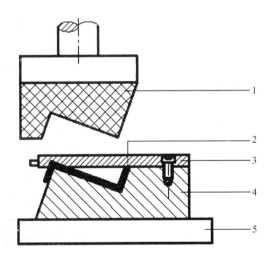

图 3-55 Z 形零件折弯机

1 冲头；2 工件；3 固定支架；4 弯曲模；5 底板

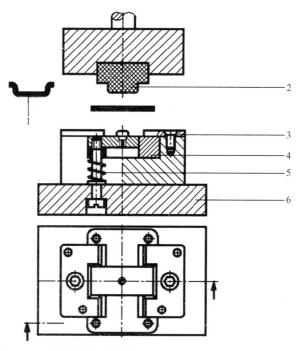

图 3-56 U 形零件弯曲冲模

1 工件；2 冲头；3 支架；4 弯曲钳；5 四个弹簧螺栓；6 底板

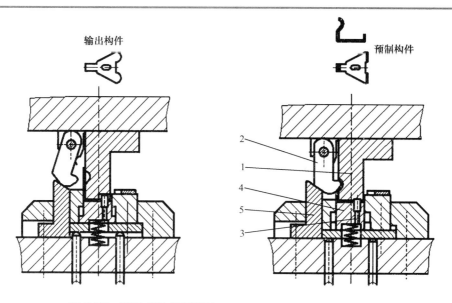

图 3-57 折弯成型-楔形滑块

1 折弯冲头；2 折弯成型冲头；3 支承销；4 推料器；5 楔形冲头

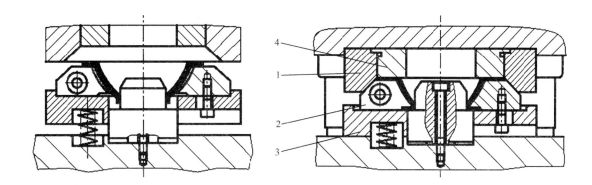

图 3-58 边缘扩口-楔形滑块

1 楔形冲头；2 带折弯边的楔形滑块；3 支承和推板；4 压板

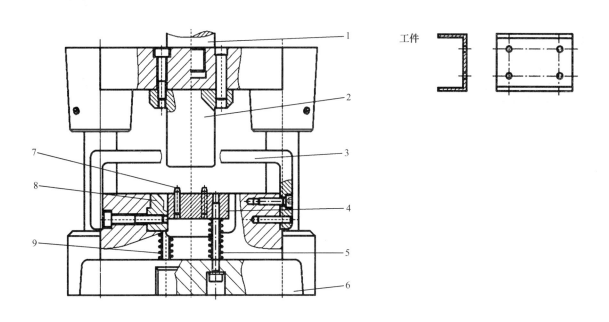

图 3-59 U 形弯曲-折弯钳

1 定位销；2 折弯冲头；3 卸料器；4 推料器；5 定距套；6 导向柱机架；
7 定位销；8 折弯钳；9 螺旋弹簧

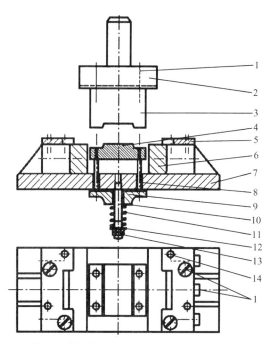

图 3-60　推料器弹簧座

1 圆柱螺栓；2 冲模头；3 冲头；4 推料器；5 衬垫；6 折弯钳；7 底座；
8 推料螺栓；9 弹簧座圈；10 螺栓；11 压力弹簧；12 垫片；13 六角螺母；
14 圆柱销

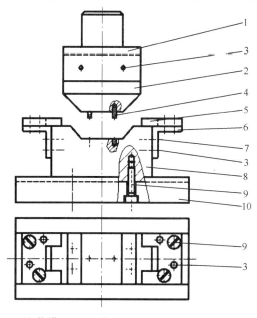

图 3-61　弯曲模-V 形弯曲

1 冲模头；2 弯曲冲头；3 圆柱销；4 销；5 衬垫；6 角钢；7 沉头螺钉；8 下部；
9 螺栓；10 底板

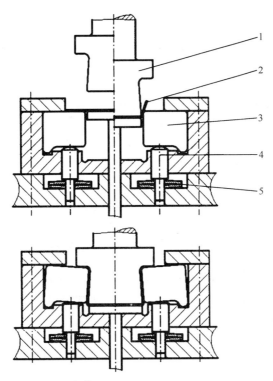

图 3-62 支架-U 形弯曲

1 弯曲冲头；2 坯料；3 折弯钳；4 推料器；5 盘形弹簧

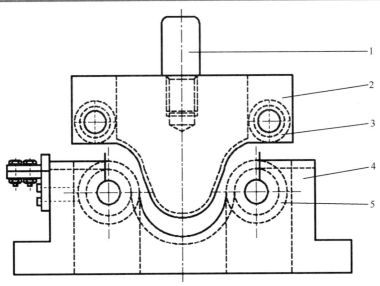

图 3-63 弯管机-带钢弯曲机构

1 定位销；2 弯曲冲头；3 支承导轮；4 下模；5 弯辊

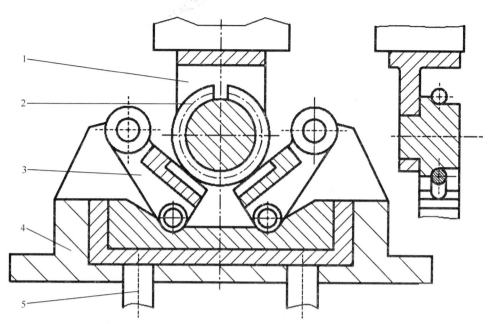

图 3-64 弯管机–带钢弯曲机构

1 上模；2 工件；3 可转动的折弯钳；4 底座；5 推料器

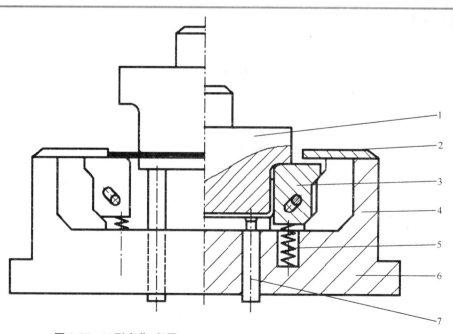

图 3-65 U 形弯曲–印压

1 弯曲冲头；2 限位支承；3 楔形滑块；4 楔形架；5 压力弹簧；6 下模；7 推料顶杆

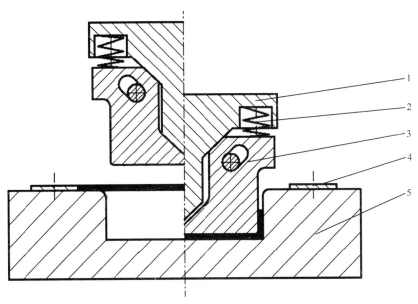

图 3-66　U 形弯曲-楔形滑块

1 上模（楔形冲头）；2 压力弹簧；3 弯曲冲头；4 限位支承；5 弯曲下模

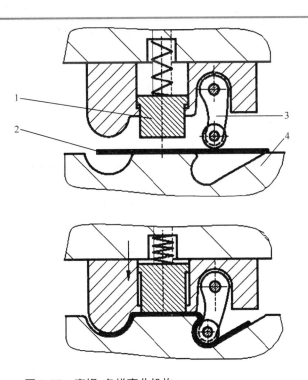

图 3-67　弯辊-多样弯曲机构

1 弹簧压板；2 工件，坯料；3 辊子式挺杆；4 弯曲模

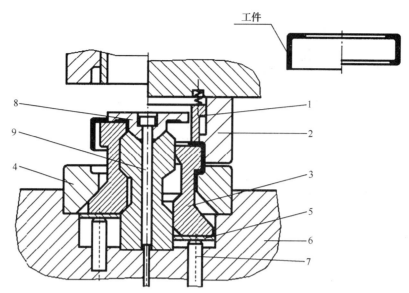

图 3-68 环形翻边机构-楔形滑块

1 压紧装置；2 环形成型装置；3 楔形冲头段；4 下模；5 压板；6 下部；
7 推料螺栓；8 定心支架；9 楔形螺栓

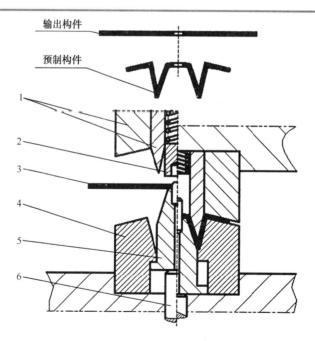

图 3-69 多样弯曲-装置结构

1 弯曲模；2 弹簧毛坯夹持器；3 坯料；4 弯曲模；5 弯曲冲头；6 顶料销

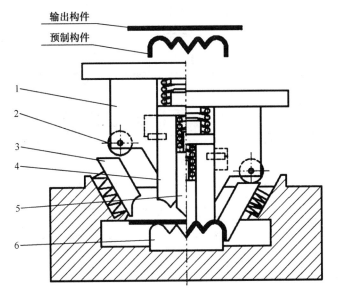

图 3-70　多样弯曲-弯曲冲头设计

1 具有导向弯曲冲头的上模；2 压辊；3 弯曲冲头；4 外冲头；5 中冲头；
6 弯曲模

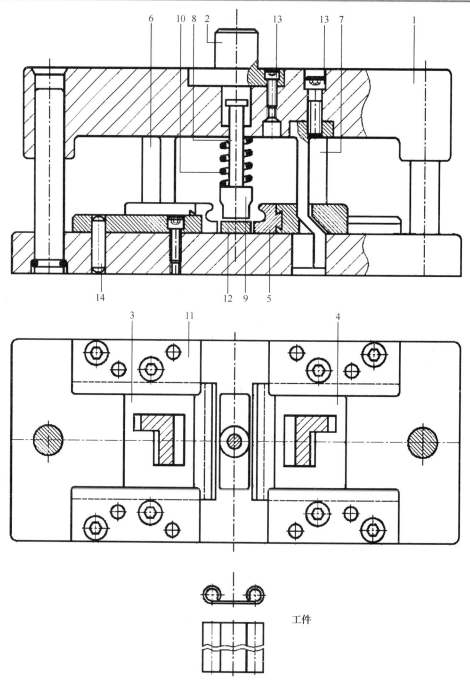

图 3-71　卷边模-楔形滑块

1 导向柱支架；2 定位销；3、4 左右卷边滑块；5 卷边钳；6、7 左右楔块；
8 压紧螺栓；9 压紧装置；10 压力弹簧；11 导向板；12 支架；13 内六角螺栓；
14 圆柱销

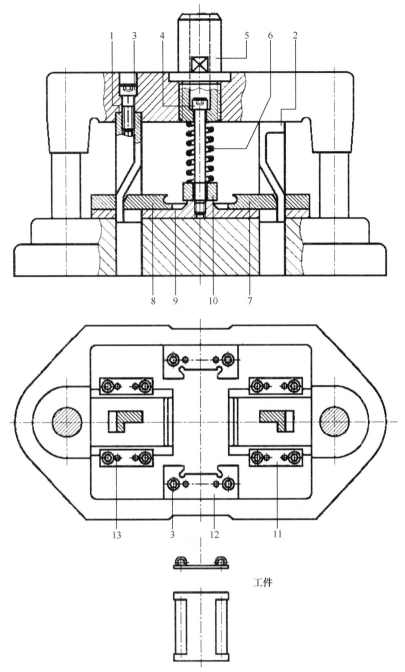

图 3-72　卷边模-楔形滑块

1、2 左右楔形滑块；3 内六角螺栓；4 定位螺钉；5 定位销；6 压力弹簧；
7、8 左右卷边滑块；9 支承板；10 弹簧压紧装置；11 导向滑块；12 衬垫；
13 圆柱销

4 测量装置

3D 图样和 10 个应用示例
2D 图样和 4 个应用示例

3D 设计一览

2D 设计一览

测量装置

测量即把测量装置的测量结果与设计者给定的尺寸参数进行比较。
这里应当注意以下几点细节：
- 通过样品工件检验测量装置
- 测量装置的功能检查
- 被测工件方面的影响因素
- 测量装置方面的影响因素
- 操作者方面的影响因素

测量方法

直接测量法是将测量对象与量具（比如游标卡尺的刻度尺）进行直接比较从而得到被测值

大小的测量方法。

　　间接测量法所测量变量的值是通过测量另一个物理量确定的(例如对平玻璃板上由光波叠加产生的干涉条纹的计数)。

　　模拟测量法可以由一个连续变化的测量值得到一个连续变化的读数（比如千分尺）。

　　数字测量法是由一个连续变化的测量值得到一个不连续的读数（比如光电探测器）。

　　模拟测量法大多通过刻度盘显示读数，数字测量法大多通过数字显示。

　　批量生产中使用的测量装置包括一个或多个可显示测量装置,比如多个千分尺以及对被测对象定位与夹紧的辅助元件。

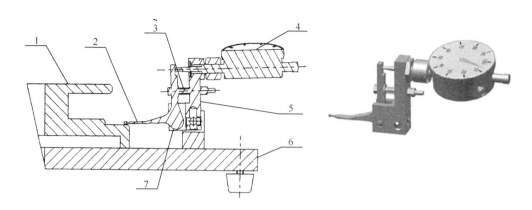

图 4-1　高度测量装置

1 被测工件；　2 探针；3 压力弹簧；4 千分表；5 可偏转的千分表支架；6 底座；
7 可偏转的千分尺支架的轴承结构

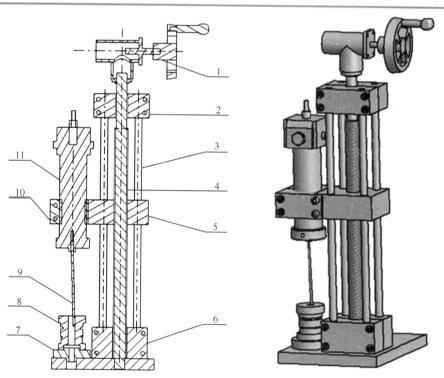

图 4-2　深孔测量装置

1 手轮高度调整；　2 头部紧固件；　3 导柱；4 升降轴；5 滑座；6 脚部紧固件；
7 法兰；8 被测工件；　9 探头；10 固定板；11 深孔测量装置

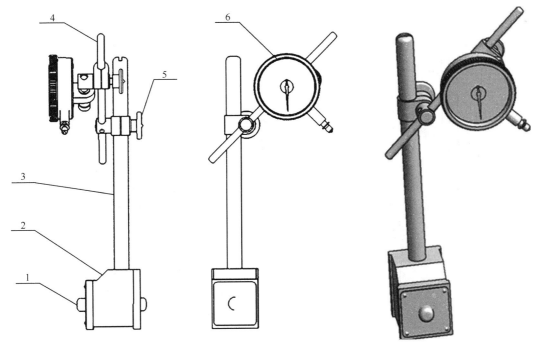

图 4-3 千分表支架

1 磁化摇杆；2 磁性脚架；3 支承轴；4 轴；5 定位螺栓；6 千分表

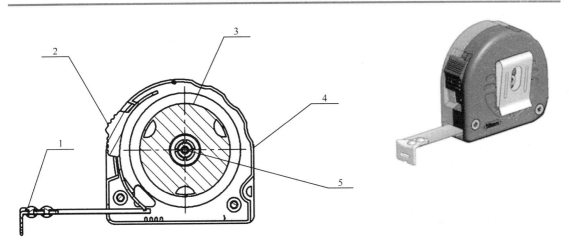

图 4-4 卷尺

1 固定钩；2 制动按钮；3 卷尺卷；4 外壳；5 卷尺轴承

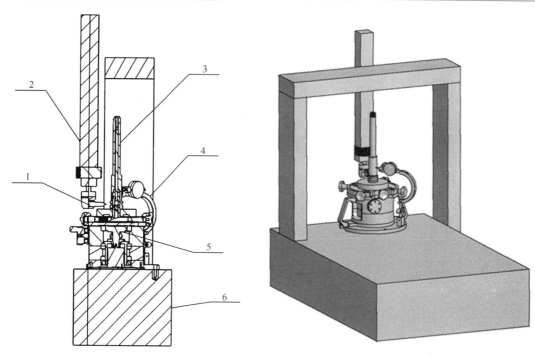

图4-5 同心度调整装置

1 探针；2 探针悬挂装置；3 被测工件；4 径向跳动测量千分表；5 工件校正支座；
6 底座

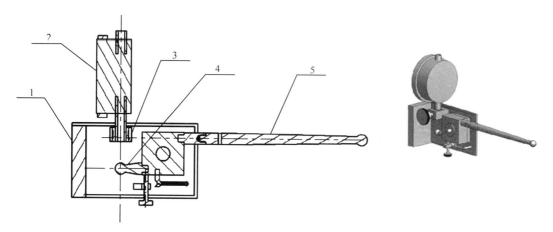

图4-6 千分表探针转向

1 支架；2 千分表；3 定位螺钉；4 千分表偏转点；5 探针

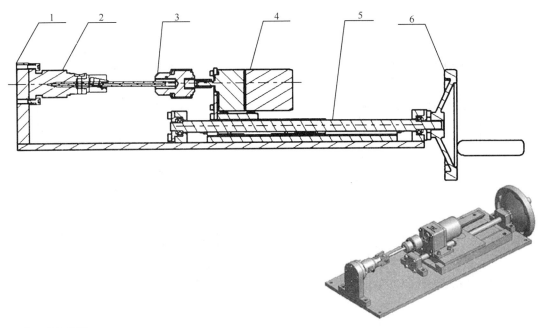

图 4-7　径向跳动检测装置

1 后板；2 定心支架；3 卡盘；4 驱动单元；5 调整主轴；6 手轮

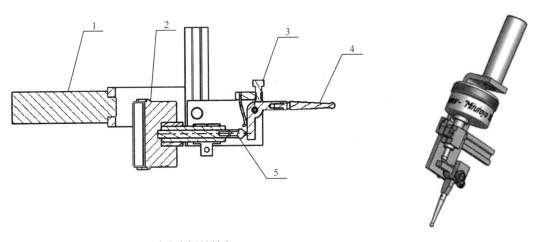

图 4-8　千分表探针转向

1 支架；2 千分表；3 定位螺钉；4 探针；5 千分表偏转点

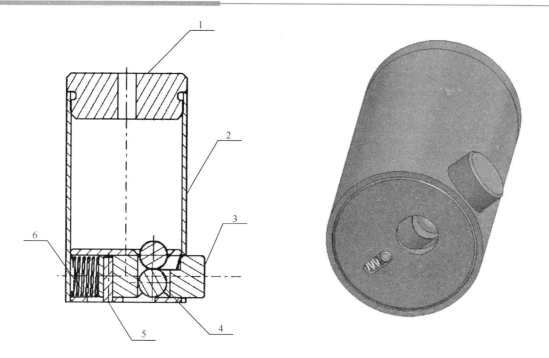

图 4-9 单个球珠配料器

1 顶盖；2 球容器；3 活动销钉；4 球珠；5 锁紧销；6 压力弹簧

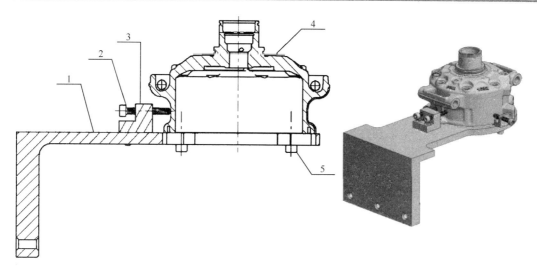

图 4-10 铸件壳体的测量部件

1 直角底座；2 夹紧-调整螺栓；3 夹紧螺栓轴承；4 工件-铸件壳体；5 定位销

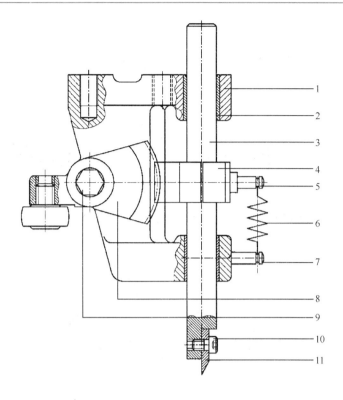

图 4-50　侧切刀

1 底座；2 导杆衬套；3 刀具操纵杆；4 从动件；5 弹簧螺栓；6 拉力弹簧；7 弹簧螺栓；8 齿轮；9 配合螺栓；10 内六角螺栓；11 刀具

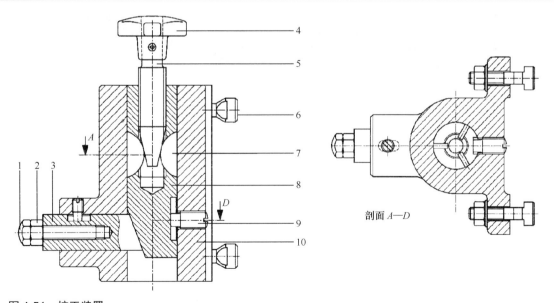

剖面 A—D

图 4-51　校正装置

1 校正螺栓；2 垫片；3 按钮；4 滑块；5 楔形垫块；6 螺栓；7 紧固件；8 主轴；9 止动螺栓；10 壳体

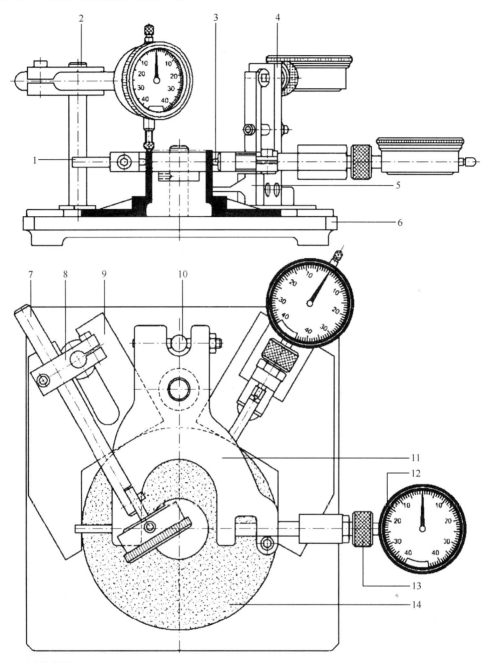

图 4-52　测量装置

1 测量杆；2 支柱；3 千分表延长杆；4 千分表偏转支承；5 角度感应杆；6 底座；
7 测量臂；8 连接件；9 棱镜运动槽；10 止动销；11 钟摆测量叉；12 千分表；
13 千分表支架；14 被测工件

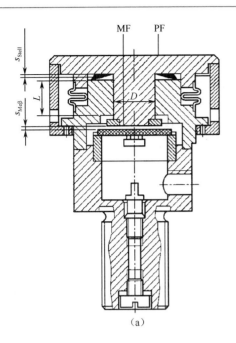
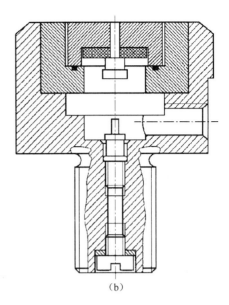

图 4-53　触觉电容传感器

MF　上电极的测量表面；PF　定位面；D 导向元件的直径；L 导向长度；$S_{Meß}$ 测量间隙；S_{Stell} 调节通道

5 焊接夹具

3D 图样和 19 个应用示例

3D 设计一览

焊接设备

焊接设备通常需要同时执行多项任务。在焊接设备中，可以把多个部件焊接到一个工件上或者把它们焊接在一起。在拼接或者焊接前，可以先对毛坯进行定位和放置，以获得尺寸精确的工件。此外，可以利用相应的设备将工件移到最有利的焊接位置。这一点是特别重要的，因为在不利于焊接的位置对焊工有很高的要求并且会产生高成本。焊接应尽可能在平面位置进行，这样不但可以降低成本，而且还可以改善焊缝的质量。通常情况下应当避免焊接装置的变形，如组件或工件的翘曲或收缩。与机加工设备相比，焊接设备一方面会在拼接或者焊接时受到局部高温，另一方面，会受到工件或部件形变而产生的较大的力，这种由温度影响产生的形变是不可控制的。普遍适用性在这些设备中起到了非同小可的作用，因为它既要应用于小型工件，也要用于极大的复杂部件（如巴士车身）的焊接。

专用焊接设备

- 用于对某一部分拼接或/和焊接的焊接设备，如集装箱侧壳的纵向焊接。
- 用于夹紧焊接在同一工件上的几个部件的焊接设备，如一个具有底座、底脚、连接法兰和螺纹孔的压缩空气储存器。
- 用于定位、装配等以及同时进行拼接和/或焊接的焊接设备，如对外壳相邻部件的集中，对外壳部件齿轮的校准等。
- 通用焊接设备。
- 旋转焊接设备，使工件绕固定轴旋转。

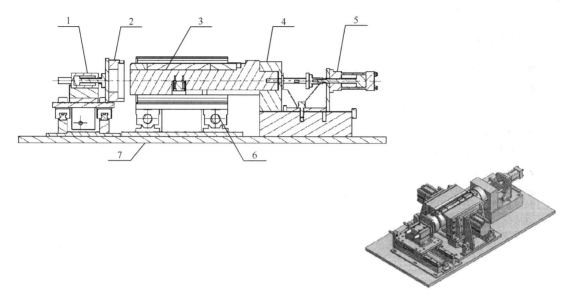

图 5-1　原料缸焊接夹具

1 固定托架；2 缸体支承法兰；3 工件缸体；4 对接法兰；5 液压缸；6 线性导轨；
7 底板

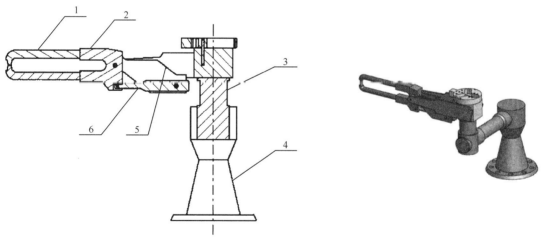

图 5-2　电阻焊机

1 焊接电极；2 电极架；3 转动臂；4 安装脚；5 压力气缸；6 导向元件

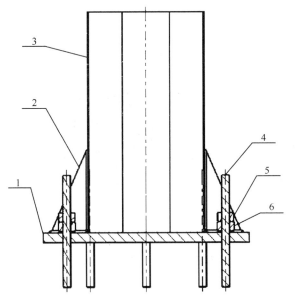
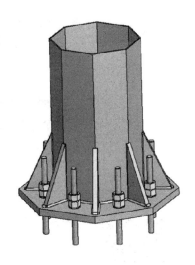

图 5-3　路灯柱安装脚

1 底座；2 焊接支承架；3 柱筒；4 螺纹杆；5 锁紧螺母；6 防松螺母

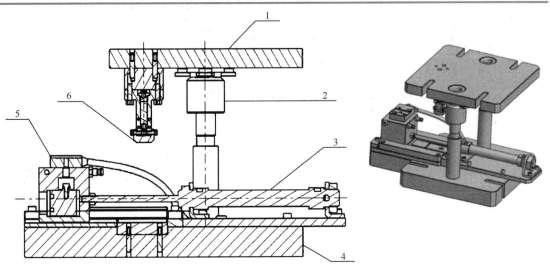

图 5-4　点焊装置

1 支承板；2 导向柱；3 气缸；4 底座；5 工件夹持装置；6 电极

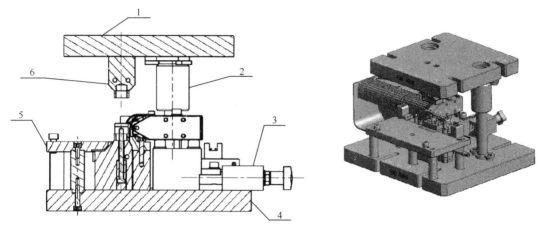

图 5-5　点焊装置

1 固定板；2 导杆；3 定位装置；4 底座；5 工件固定板；6 夹持装置

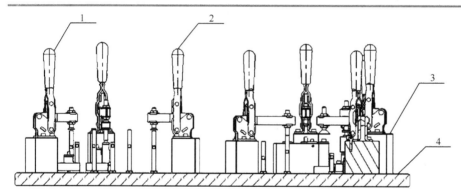

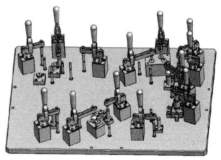

图 5-6　固定焊接夹具

1 快速夹紧杆；2 快速夹紧杆；3 固定块；4 底座

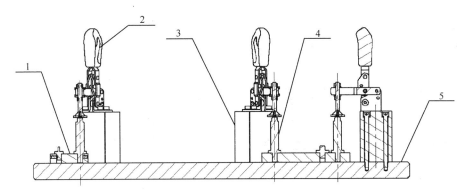

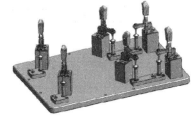

图 5-7　固定焊接装置

1 工件固定装置；2 快速夹紧杆；3 固定块；4 工件固定装置；5 底板

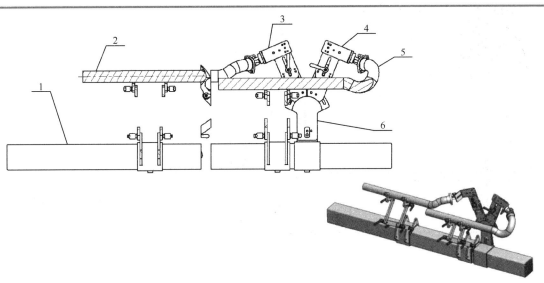

图 5-8　排气管焊接夹具

1 底座；2 排气管工件；3 排气管固定装置；4 排气管固定装置；5 排气管；
6 固定角钢

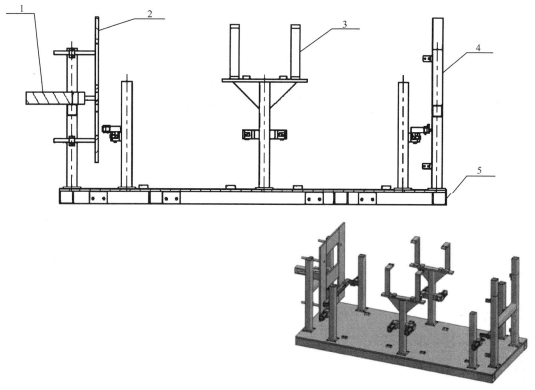

图 5-9　用于焊接开关箱的夹具

1 挡板；2 固定板；3 固定角钢；4 框架；5 底板

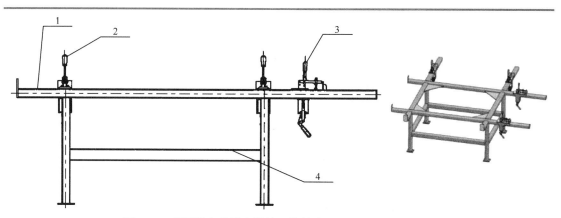

图 5-10　用于设备装配和焊接工作的夹具

1 机架；2 快速卡头；3 带挡板的快速卡头；4 连接梁

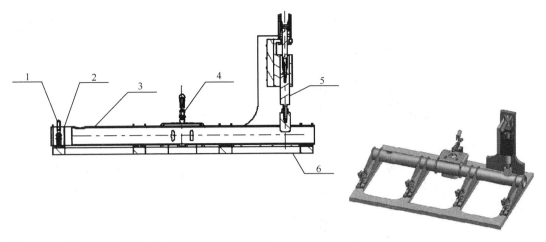

图 5-11　固定法兰焊接夹具

1 快速卡头；2 固定角钢；3 管工件；4 快速卡头；5 外壳连接固定装置；6 底座

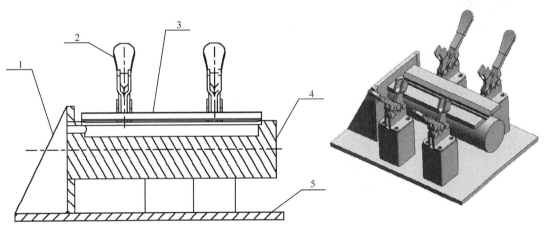

图 5-12　自动 WIG 焊接设备夹具

1 固定角钢；2 快速卡头；3 工件压板；4 工件圆材；5 底座

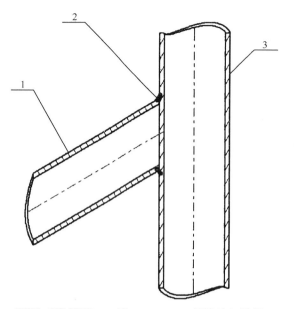
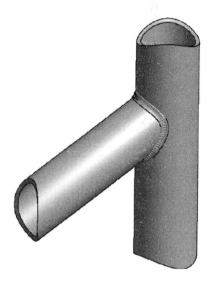

图 5-13　WIG 焊接路径模拟

1 侧管；2 焊缝；3 主管

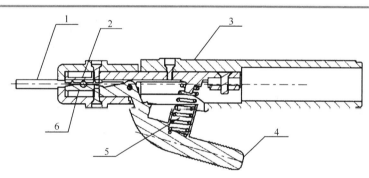

图 5-14　电极-手柄

1 电极；2 立式夹头；3 手柄；4 夹紧杆；5 压力弹簧；6 可动夹头

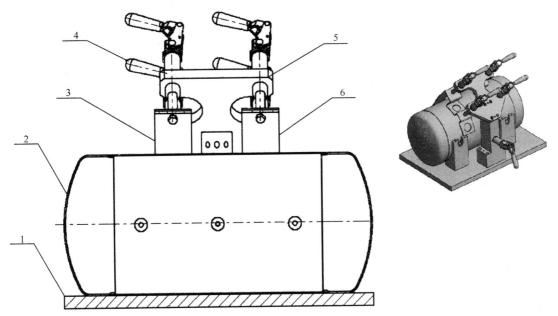

图 5-15　圆形容器焊接夹具

1 底座；2 圆形容器工件；3 快速卡头；4 快速卡头；5 固定板；6 工件带材

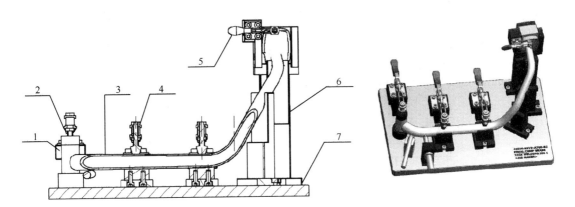

图 5-16　制动踏板焊接夹具

1 制动踏板固定装置；2 快速卡头；3 制动踏板；4 快速卡头；5 快速卡头；
6 固定块；7 底座

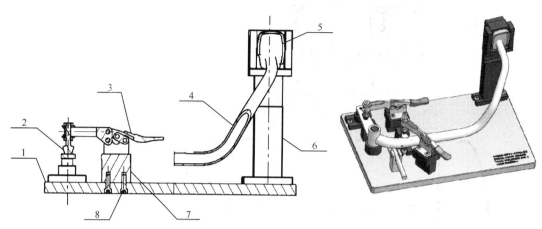

图 5-17　制动踏板焊接夹具

1 底座；2 快速释放垫片；3 快速卡头操纵杆；4 制动踏板；5 制动踏板固定装置；
6 固定块；7 机架；8 螺栓

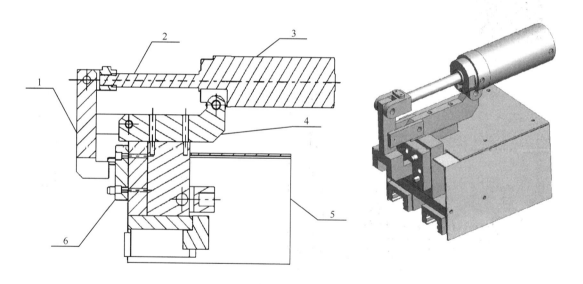

图 5-18　点焊夹紧装置

1 夹紧杆；2 活塞杆；3 气缸；4 固定杆；5 机箱；6 紧固件

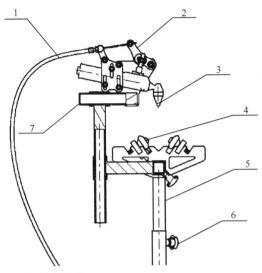
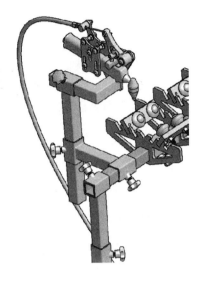

图 5-19　等离子焊接夹具

1 缆绳传动脚踏板；2 传动杆；3 等离子焊接烧嘴；4 工件夹持装置；5 机架；
6 锁紧螺栓；7 机架部件

6 铣削装置

3D 图样和 18 个应用示例
2D 图样和 20 个应用示例

3D 设计一览

2D 设计一览

铣削夹具

在确定铣削夹具种类之前，应该就以下可能性进行研究并且检查经济效益。

铣削夹具有许多种类：

● 简单的单工件铣削夹具

● 行铣削夹具

● 旋转铣削夹具

● 摆动铣削夹具

使用带分度头的转台可以对工件进行多面加工。

铣削夹具的设计：

● 通常情况下铣削夹具是固定在机床工作台上的

● 铣削夹具设计的目的应当使铣刀轴与铣刀柄尽可能短，以保证铣刀夹持刚度

● 在使用力夹紧装置时必须考虑其经济性，确保其可行性

● 应该探究多工件夹紧的可能性

同样，还应该考虑夹具在多机床上使用的可能性。

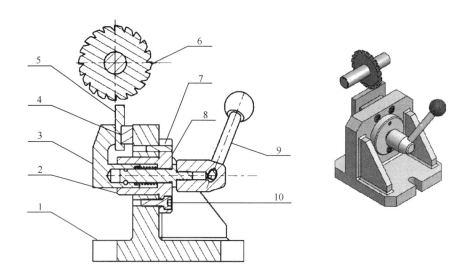

图 6-1　针对小工件的铣削夹具

1 底座；2 套筒；3 夹紧钩；4 支承件；5 工件；6 圆盘铣刀；7 圆柱销；
8 压力弹簧套筒；9 夹紧手柄 M10；10 圆柱头螺栓

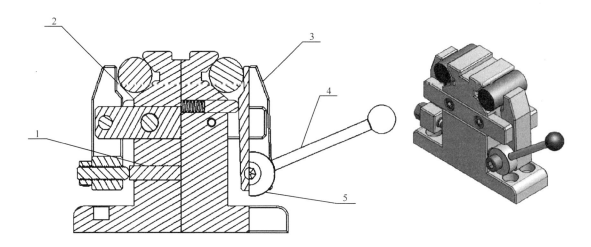

图 6-2　双轴偏心夹紧铣削夹具

1 传动件；2 V 形体；3 夹紧件；4 夹紧手柄；5 偏心夹具

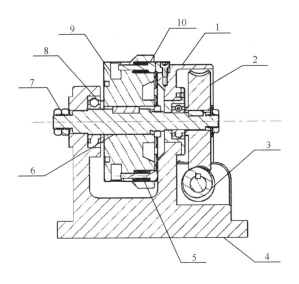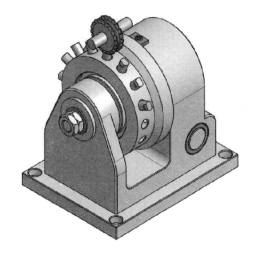

图 6-3　小部件铣削加工圆形夹具

1 机罩；2 蜗轮；3 蜗杆；4 机床工作台；5 压力弹簧；6 转盘轴；7 锁紧螺母；
8 轴承；9 工件紧固件；10 工件夹紧元件

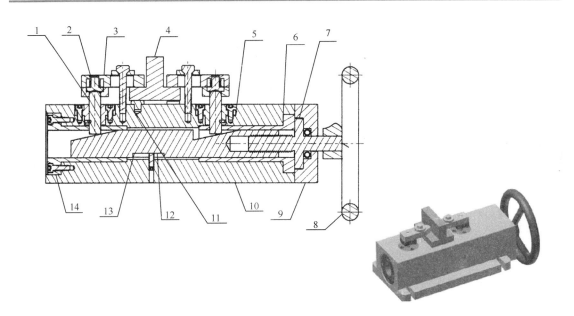

图 6-4　带双楔块的专用铣削夹具

1 压紧螺栓；2 弹簧片；3 夹钳；4 工件；5 轴套；6 轴承盖；7 主轴；8 手轮；9 盖；
10 底座；11 支承钉；12 双楔块；13 导轨；14 轴承盖

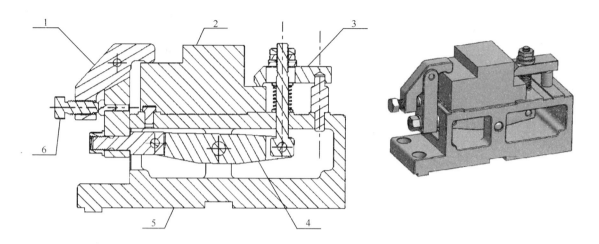

图 6-5　带摇臂专用铣削夹具

1 压紧钳；2 工件；3 压紧钳；4 摇臂；5 机床工作台；6 锁紧螺栓

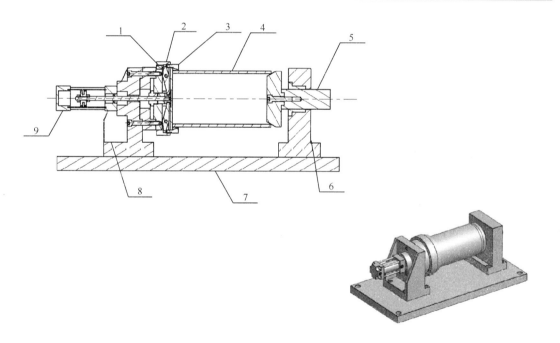

图 6-6　管件铣削加工专用夹具

1 扭转止动器；2 夹头座；3 夹头；4 工件；5 夹紧顶尖套筒；6 支承座；7 底座；
8 轴承座；9 工作缸

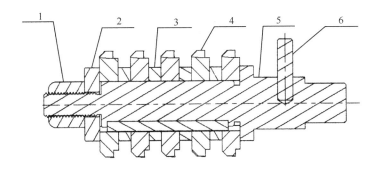

图 6-7　多头铣刀

1 夹紧螺母；2 垫片；3 套筒；4 成形铣刀；5 支承心轴；6 拨杆

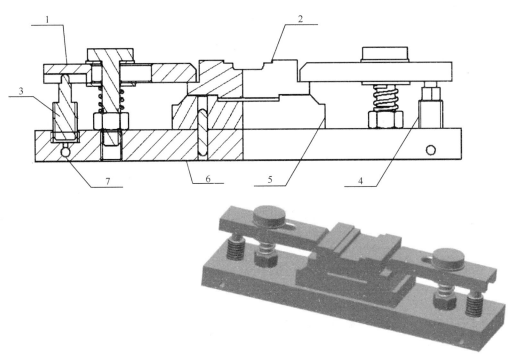

图 6-8　铣削工件夹紧装置

1 夹钳；2 工件；3 夹紧缸；4 支承柱；5 支承座；6 底座；7 液压油

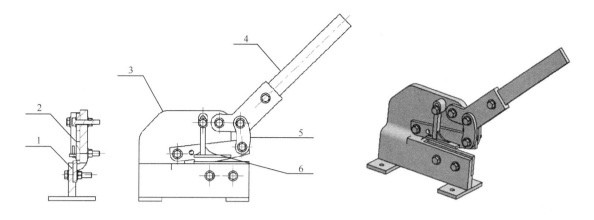

图 6-9　剪板机

1 定位刀；2 切割刀；3 机架；4 操纵手柄简图；5 偏转杆；6 下固定器

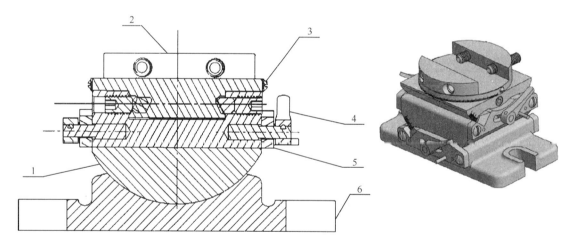

图 6-10　铣床用双轴摆动回转工作台

1 摆动盘 平面1；2 转盘；3 摆动盘 平面2；4 锁定手柄简图；5 定位盘 平面2；6 底座

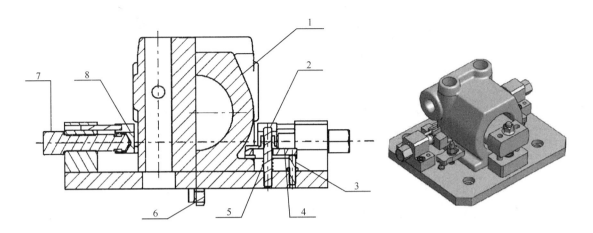

图 6-11　铸件用铣削夹具

1 工件；2 夹紧螺钉；3 支承元件；4 夹钳；5 压缩弹簧；6 定心销；7 定位螺钉；8 定位板

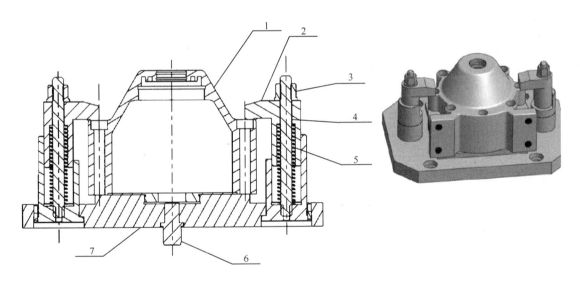

图 6-12　铸件用铣削夹具

1 铸造工件；2 夹紧元件；3 定位螺钉；4 螺钉；5 压缩弹簧；6 定心销；7 底座

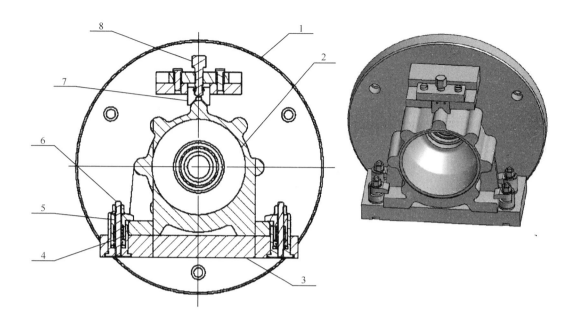

图 6-13　铸件用铣削夹具

1 压紧板；2 铸造工件；3 底座；4 压缩弹簧；5 夹紧螺钉；6 定位螺钉；7 定心件；8 夹紧螺钉

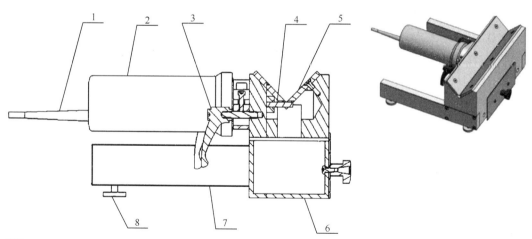

图 6-14　铣削夹具用 V 形夹持装置

1 供电电缆；2 驱动电机件；3 电机固定件；4 铣刀；5 V 形导向装置；6 铣屑收集箱；7 固定板；8 安装脚

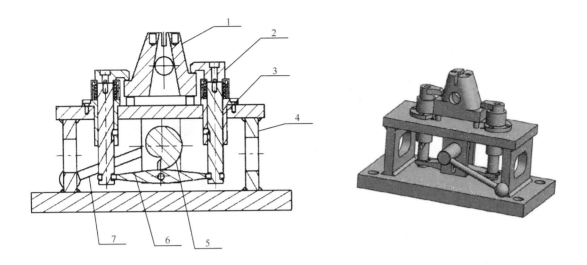

图 6-15 偏心夹紧铣削夹具

1 工件；2 夹紧钳；3 导柱；4 机架侧板；5 偏心夹具；6 摇臂；7 操纵手柄

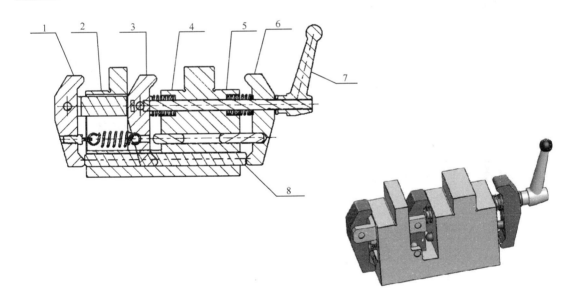

图 6-16 三工件铣削夹具

1 工件装夹（1）；2 工件座（1）；3 工件装夹（2）；4 工件座（2）；5 工件座（3）；
6 工件装夹（3）；7 操纵手柄；8 传动轴

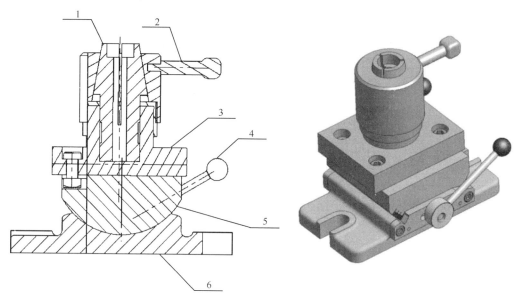

图 6-17　手动单轴转台卡盘

1 夹钳；2 夹紧手柄；3 手动夹头底座；4 锁紧手柄（2x）；5 旋转轴；6 旋转件底座

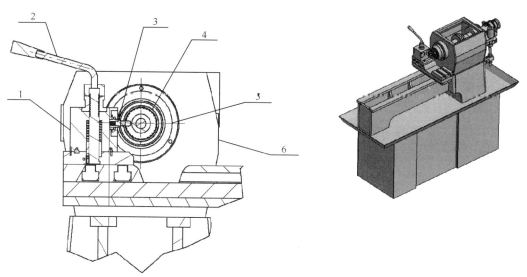

图 6-18　车床用铣削夹具

1 刀具架；2 夹紧手柄；3 工件；4 组合铣刀；5 爪式卡盘；6 机床变速箱

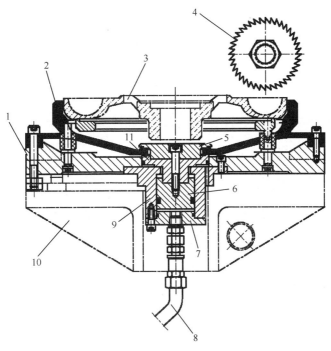

图 6-50 钎焊板件的铣削夹具

1 基体；2 夹紧元件；3 工件；4 锯片；5 顶盖；6 升降缸；7 缸盖 8 压缩空气接口；9 缸桶；10 夹紧座；11 上缸盖

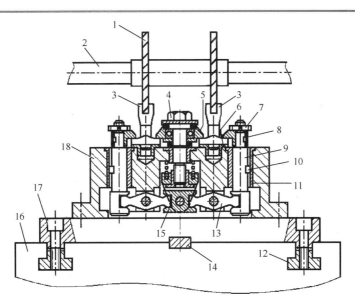

图 6-51 两工件铣削加工双夹紧装置

1 盘铣刀；2 刀轴；3 工件；4 螺栓；5 夹紧盘；6 定心件；7 锁紧螺母；8 拉钩；9 拉杆；10 键；11 套筒；12 滑块；13 摇臂；14 压板；15 摆块；16 机床工作台；17 底座；18 设备主体

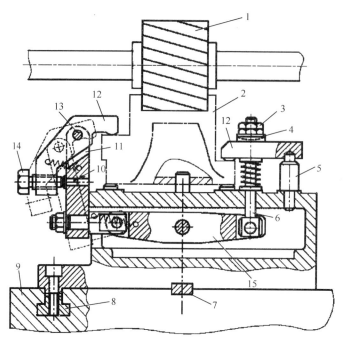

图 6-52　铸件壳体铣削夹具

1　立铣刀；2　工件；3　锁紧螺母；4　摆动盘；5　支承销；6　拉杆；7　压板；8　滑块；9　机床工作台；
10　止推轴颈；11　摇杆；12　夹钳；13　螺栓；14　夹紧螺钉；15　摆臂

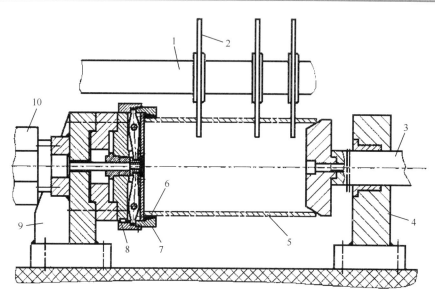

图 6-53　管件铣削加工夹具

1　铣刀轴；2　盘铣刀；3　夹紧顶尖套筒；4　支架；5　工件，管材；6　夹钳；7　夹钳支架；
8　扭转止动器；9　轴承座；10　工作缸

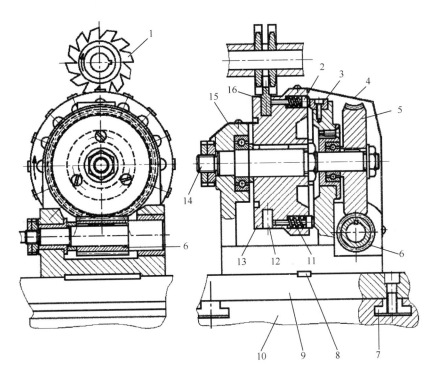

图 6-54　小件铣削夹具

1 组合铣刀；2 工件夹紧元件；3 夹紧凸轮；4 薄板；5 蜗轮；6 蜗杆；7 滑块；8 压板；9 基座；
10 机床工作台；11 弹簧；12 工件支承架；13 转台；14 转台轴；15 盖板；16 工件

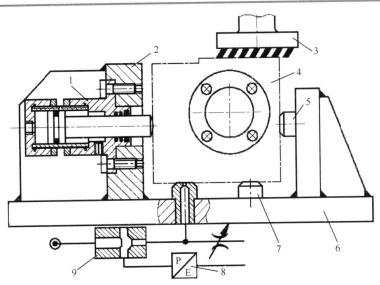

图 6-55　块部件铣削夹具

1 夹紧缸；2 机体；3 铣头；4 工件；5 止推销钉；6 底座；7 支承销钉；
8 压力传感器；9 文氏管

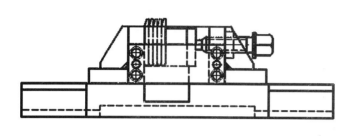
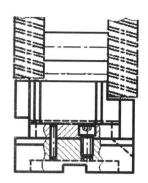
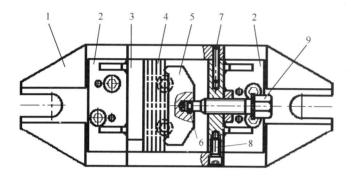

图 6-56　轮廓板材铣削夹具

1 底座；2 角钢；3 压板；4 支承板；5 夹钳；6 圆柱销；7 圆柱销；8 圆头螺钉；9 夹紧螺钉

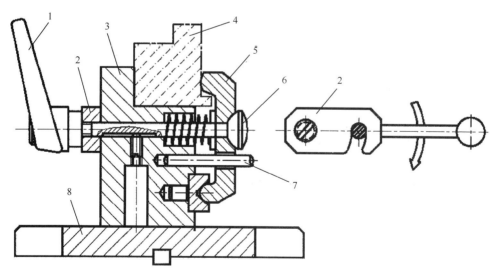

图 6-57　摆动盘作为夹紧件的铣削夹具

1 夹紧手柄；2 旋转板；3 装置主体；4 工件；5 夹钳；6 拉杆；7 圆柱销作为夹钳导向；8 底座

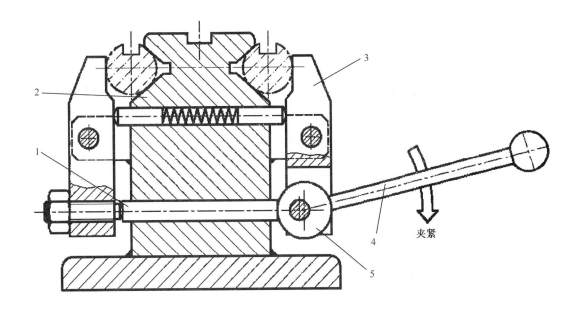

图 6-58 双轴铣削夹具

1 传动元件；2 V 形体；3 夹紧元件；4 夹紧手柄；5 偏心夹具

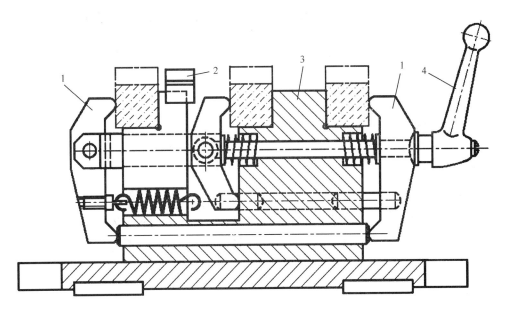

图 6-59 三工件铣削夹具

1 夹紧元件；2 工件坐标调整架；3 夹具主体；4 夹紧手柄

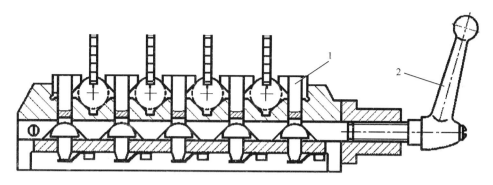

图 6-60　行夹紧铣削夹具

1 夹紧元件；2 夹紧手柄

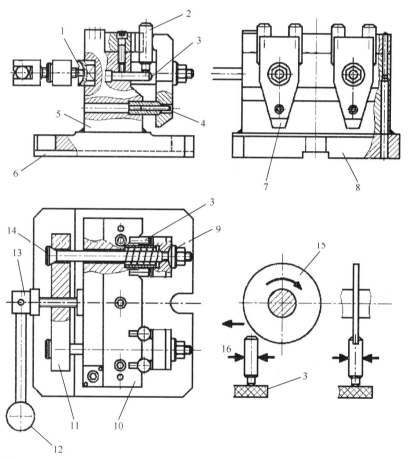

图 6-61　螺栓开槽用夹具

1 受压件；2 工件；3 工件支承；4 圆柱销；5 基体；6 松滑块槽；7 夹钳；8 底座；
9 球垫圈；10 定位 V 形轨；11 卡板；12 手柄；13 转动叉；14 夹紧螺钉；15 盘铣刀；
16 夹紧力

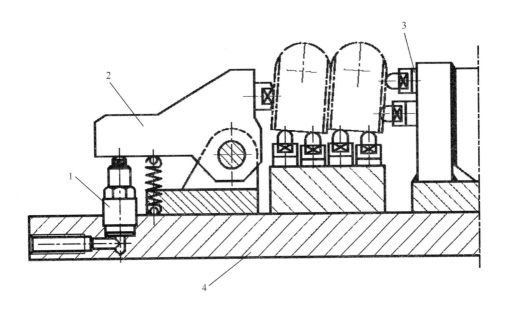

图 6-62　多点铣削夹具

1 旋入套；2 夹钳；3 旋入式和可调节式装置；4 底座

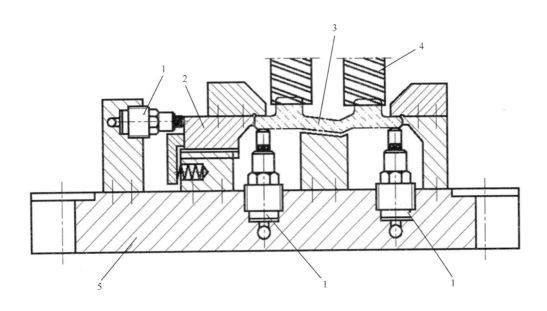

图 6-63　液控铣削夹具

1 旋入套；2 滑块；3 工件；4 滚铣刀；5 底座

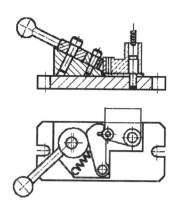

图 6-64　偏心夹紧铣削夹具

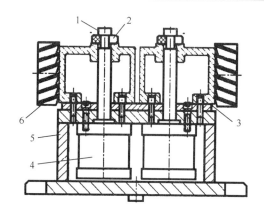

图 6-65　气控铣削夹具

1 活塞杆；2 插垫片；3 扁平螺栓；4 气动缸；5 夹具主体；6 铣刀

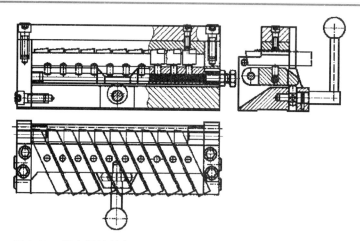

图 6-66　行夹紧铣削夹具

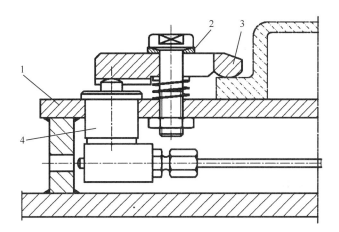

图 6-67 铣削夹具

1 基体；2 锥形座；3 手动调节夹钳；4 旋入套

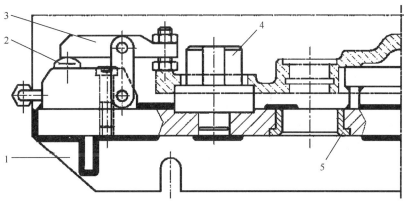

图 6-68 液控镗孔夹具

1 基体；2 旋入套；3 夹钳；4 定心件；5 导套

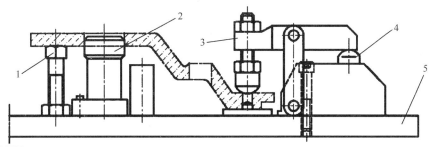

图 6-69 铣削夹具

1 方头螺钉；2 定心件；3 夹钳；4 旋入套；5 基体

7 夹具

3D 图样和 46 个应用示例
2D 图样和 26 个应用示例

3D 设计一览

2D 设计一览

夹具

对于每个特殊的加工作业，都需要单独为特定的应用场合进行相应的夹具装置设计和制造。

装夹技术

装夹技术指的是在工件加工时对工件或刀具的夹持。

在加工中心中，根据工件的形状将相应的卡盘或装夹装置固定在底板上。

通过配合来实现精确装夹时，工件要在卡盘或者心轴上夹紧。为此工件要在卡盘中夹紧或者用螺栓拧紧以达到配合要求，这样待加工工件可以借助中间螺栓或锁紧螺栓来固定。

通用装夹装置

部分通用装夹装置是作为机床附件提供的，如夹紧卡盘、心轴、装夹装置、虎钳、旋转台、分度头以及夹紧单元，这些夹紧单元根据各个现有要求配备了与工件相配合的元件（钳头）、钻套柄和定心孔等。

通用装夹装置主要应用于与金属加工相关的领域。其中，有很大一部分用于工件的固定，因此被称为装夹装置或被归于装夹工具。加上一些外围设备，如液压装置或操纵面板，就被称为装夹系统。

用途

在制造过程中，夹具被定义为实现工件特定工序的辅助工具，主要用于大批量或小批量生产中，也可用于单件生产。它是生产中不可缺少的辅助工具。当工件被紧固其中时，即确保了它在工序中相应的位置。如果没有使用，作业质量将无法保证。夹具可用于一个或多个工件的精确定位，所以一旦产品几何尺寸出现变化，夹具也需要相应调整。例如，在自行车生产中，当车架大小发生改变（放大/缩小）时，应当相应地对夹具进行更换或改造，以实现变更产品的精确定位。

目的

夹具制造的主要目的是通过简化和优化制造过程，降低制造成本和实现工件的可更换性。一般来说，装夹设备的用途是使相应的作业和运输具有经济性和简易性。装夹设备可以根据特定的生产任务定制，如钻孔、铣削或焊接夹具，或者作为扩大加工范围的附件。

夹具的分类：
- 圆形件的加工：顶尖、悬臂夹具
- 单件长形件的加工：固定设备、旋转设备、旋转式多次装夹设备
- 批量长形件的加工：用夹块和独立装夹设备配合夹紧

夹紧

使用各种装夹设备的主要目的是夹紧，即通过手动或机械动力和合适的工具将工件牢固并刚性地与夹具或机械连接在一起。为了节约工时和降低成本，在各种情况下，合理地选择和安排夹具是十分必要的。

辅助夹紧元件

在许多夹具中，装夹元件不直接作用，而是通过辅助夹紧元件实现对工件的装夹。这些元件的作用是分配夹紧力，使夹紧力发生偏转或改变大小。

夹钳

夹钳是最常用的辅助夹紧元件之一。通过夹钳可以实现夹紧力的偏转和传递。为了获得尽可能大的夹紧力，夹钳的设计中应使支承面不小于夹紧面。根据夹紧元件是被布置在夹钳中部或端部，可以得到不同的夹紧力的传动关系和不同的操作时间。

夹紧钩

夹紧钩只向一边传递力，只占据很小的空间，并且可以旋开，使工件更容易放置。夹紧力可以通过螺栓、偏心或液压产生。为承受反作用力，夹紧钩应受到支承。

止推垫圈、压块

止推垫圈和压块应起到分散工件上夹紧力的作用，以防止工件表面压力过大从而导致对工件的损害。在工件表面不平整时，为了避免单侧载荷，夹紧元件应可以摆动。带螺栓的压块用于较大工件或具有多个夹紧位置的工件。

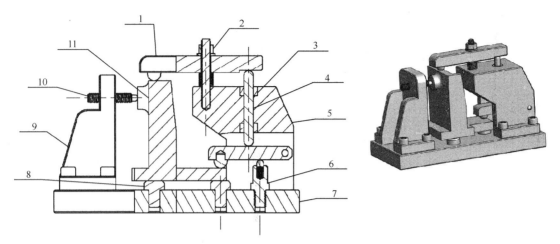

图7-1 双卡头夹具

1 夹钳；2 六角螺母；3 滑动轴瓦；4 压杆；5 支承座；6 弹簧螺栓；7 底座；
8 定位螺栓；9 角钢；10 限位螺栓；11 工件

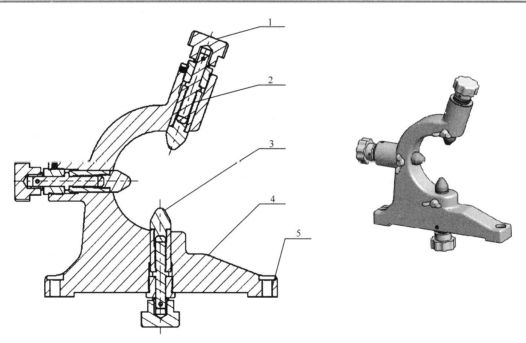

图7-2 同步支座（固定中心架）

1 调节手轮；2 顶尖套筒；3 滚动夹爪；4 底座；5 固定支承

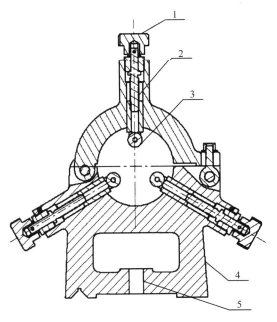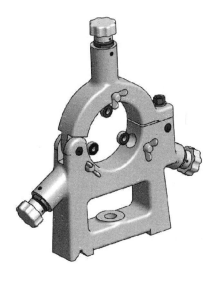

图 7-3　固定支架（固定中心架）

1 调节手轮；2 顶尖套筒；3 滚动夹爪；4 底座；5 固定支承

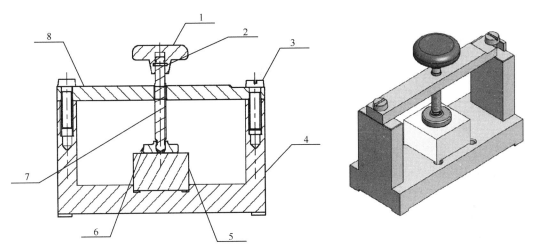

图 7-4　装夹螺栓的应用

1 十字手柄；2 销；3 螺栓；4 机架；5 工件；6 垫块；7 装夹螺栓；8 紧固件

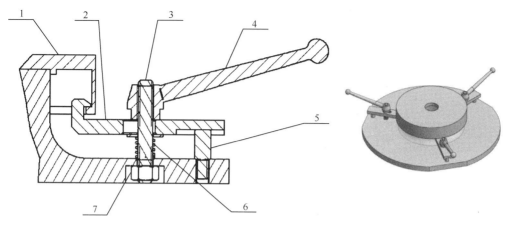

图 7-5　从内侧装夹工件的装置

1 工件；2 内夹钳；3 夹紧螺栓；4 装夹手柄；5 支承元件；6 压缩弹簧；
7 六角螺母

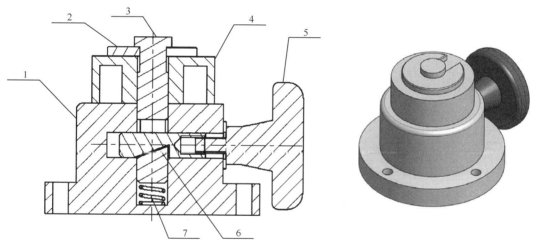

图 7-6　用楔块装夹工件的装置

1 底座；2 开口垫圈；3 拉力螺栓；4 工件；5 装夹手轮；6 楔块；7 压缩弹簧

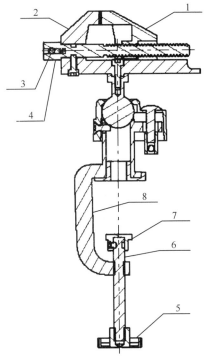
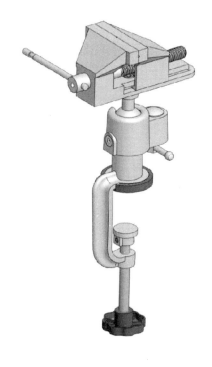

图 7-7 装夹虎钳

1 活动钳口；2 固定钳口；3 长旋钮；4 主轴；5 短旋钮；6 装夹螺栓；7 压板；8 G 字夹

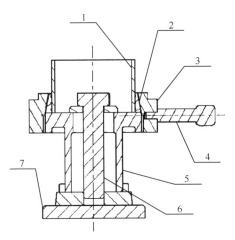
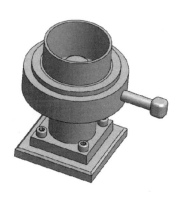

图 7-8 圆形零件手动卡盘

1 工件；2 胀紧环；3 夹紧环；4 球头手柄；5 可拆卸卡盘体；6 卡盘支承柱；7 底座

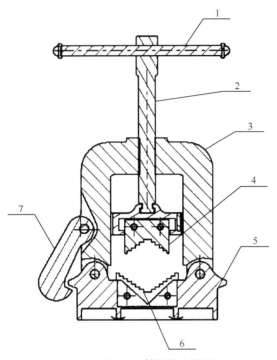
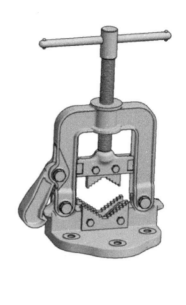

图 7-9　管件装夹装置

1 装夹手柄；2 螺旋主轴；3 机架臂；4 上锁紧爪；5 底座；6 下锁紧爪；7 锁钩

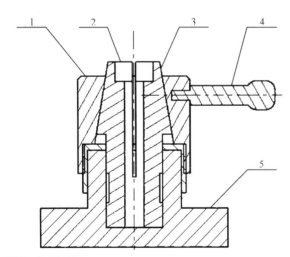
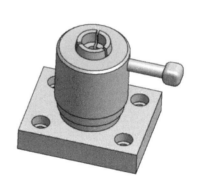

图 7-10　圆形零件手动卡盘

1 夹紧圈；2 工件支承；3 夹紧钳；4 球头手柄；5 底座

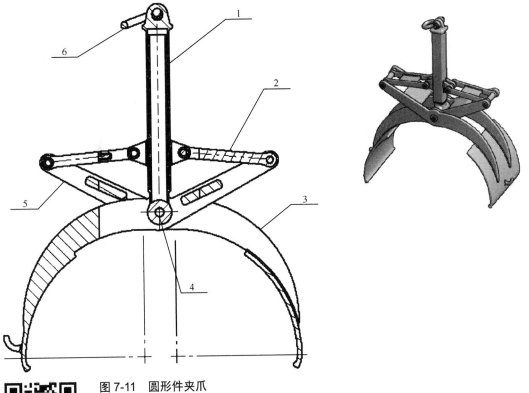

图 7-11 圆形件夹爪

1 导向架；2 上铰链导轨；3 叶片；4 支承点；5 下铰链导轨；6 紧固挂钩

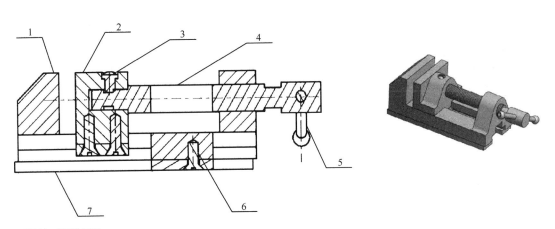

图 7-12 台虎钳

1 固定钳口；2 装夹钳口；3 安全螺栓；4 主轴；5 紧固手柄；6 紧固螺栓；7 底座

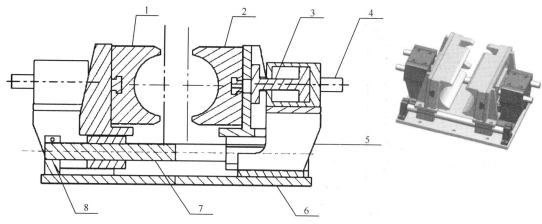

图 7-13 液压虎钳

1 左钳口；2 右钳口；3 液压缸；4 导轴；5 固定台；6 底座；7 导轴；
8 导轴定位销

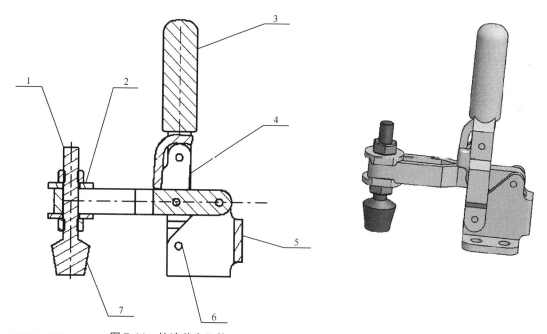

图 7-14 快速装夹元件

1 定位螺栓；2 锁紧螺钉；3 操纵杆；4 回转杆；5 紧固凸缘；6 回转杆支座；
7 压力元件

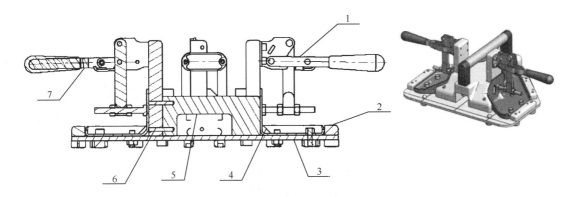

图 7-15　钣金件夹具

1 装夹元件；2 工件挡板；3 底座；4 工件，弯曲的钣金件；5 手柄及其支承；
6 装夹元件固定装置；7 装夹元件

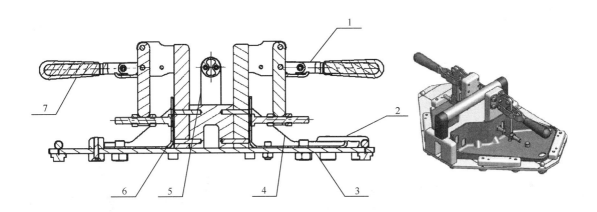

图 7-16　钣金件夹具

1 装夹元件；2 工件固定装置；3 底座；4 工件，弯曲的钣金件；5 手柄；
6 装夹元件固定装置；7 装夹元件

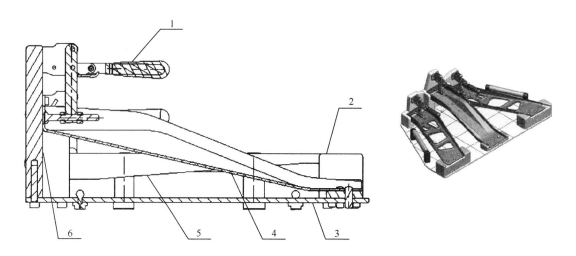

图 7-17　钣金件夹具

1 装夹元件；2 工件固定装置；3 底座；4 工件，弯曲的钣金件；5 手柄；
6 装夹元件固定装置

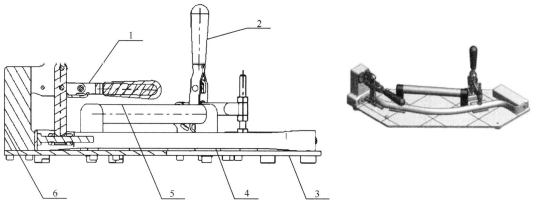

图 7-18　钣金件夹具

1 装夹元件；2 装夹元件；3 底座；4 工件，弯曲的钣金件；5 手柄；
6 装夹元件固定装置

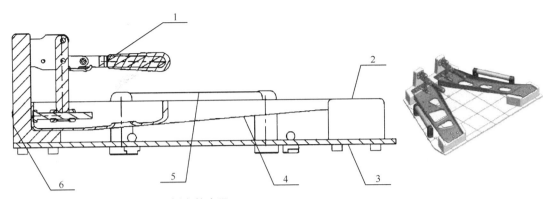

图 7-19　钣金件夹具

1 装夹元件；2 工件固定装置；3 底座；4 工件，弯曲的钣金件；5 手柄；
6 装夹元件固定装置

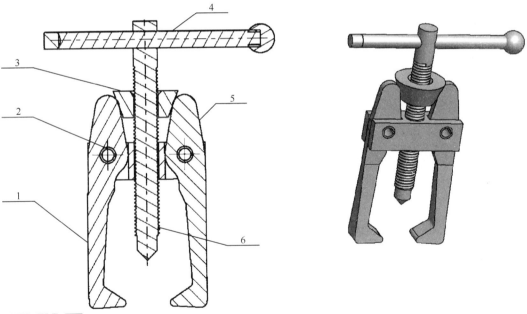

图 7-20　球轴承起拔器

1 左夹爪；2 夹爪轴承；3 紧固件；4 手柄；5 右夹爪；6 主轴

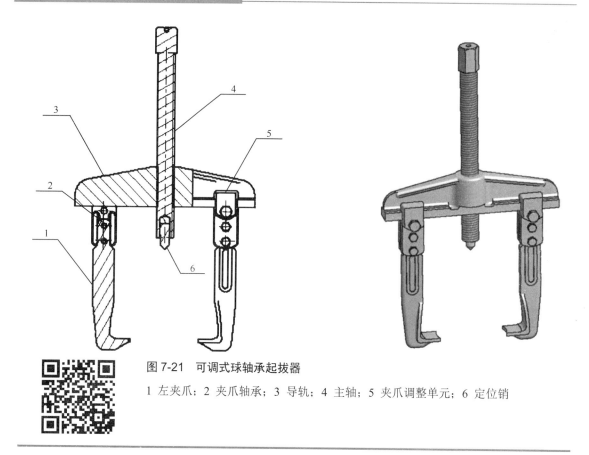

图 7-21　可调式球轴承起拔器

1 左夹爪；2 夹爪轴承；3 导轨；4 主轴；5 夹爪调整单元；6 定位销

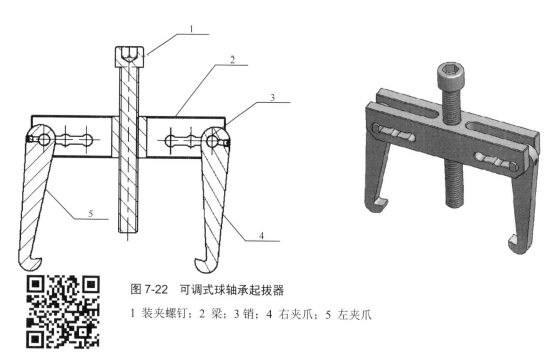

图 7-22　可调式球轴承起拔器

1 装夹螺钉；2 梁；3 销；4 右夹爪；5 左夹爪

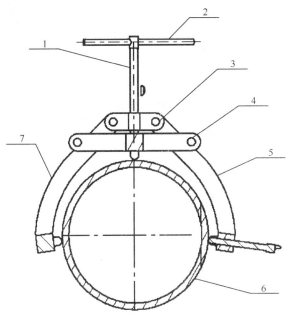
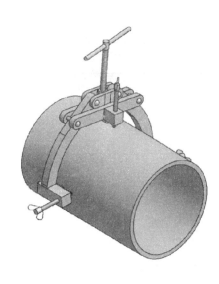

图 7-23　管件机械手

1 拉紧主轴；2 手柄；3 回转杆；4 回转杆；5 右机械手；6 圆管；7 左机械手

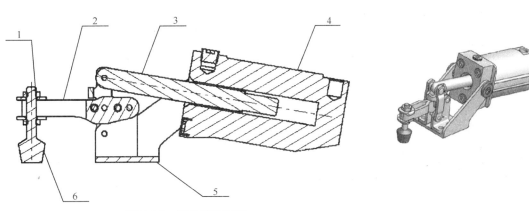

图 7-24　气动装夹装置

1 紧固螺栓；2 气动杠杆；3 活塞杆；4 气缸；5 固定脚；6 压力元件

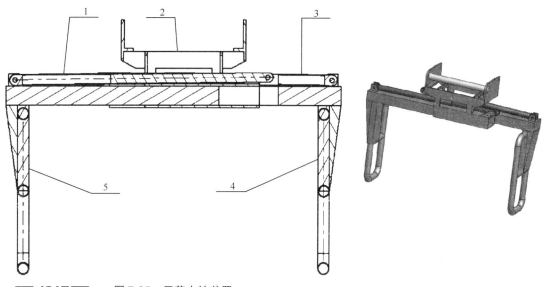

图 7-25   干草夹持装置

1 液压缸；2 固定装置；3 液压缸；4 右机械手；5 左机械手

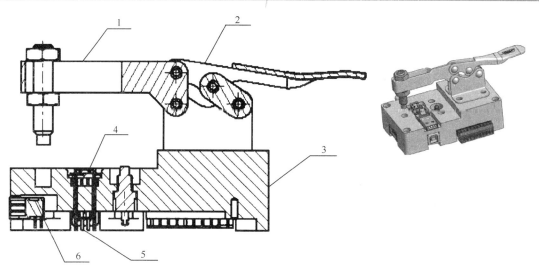

图 7-26   电路板组件装夹系统

1 压紧装置；2 快速装夹元件；3 支承座；4 USB 试样；5 测试探头；6 输出连接器

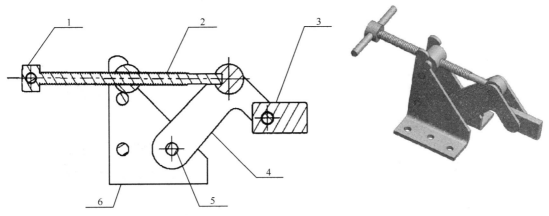

图 7-27　快速装夹装置

1 手柄；2 螺纹轴；3 压紧板；4 回转杆；5 支承；6 侧壁

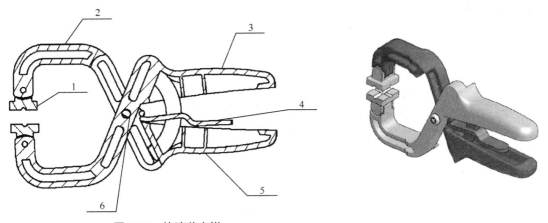

图 7-28　快速装夹钳

1 夹紧钳；2 上装夹叉；3 上装夹手柄；4 止动片；5 下装夹手柄；6 支承

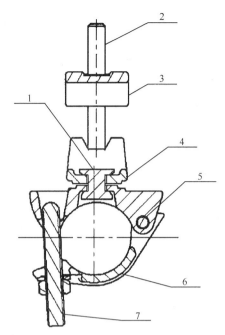

图 7-29　管件装夹系统

1 管固定夹连接装置；2 螺纹轴；3 上半壳；4 下半壳；5 轴承螺栓；6 下半壳；
7 螺纹轴

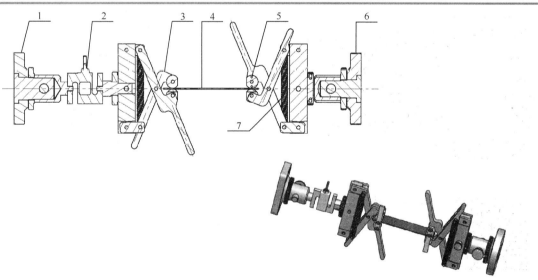

图 7-30　测试-牵引机装夹系统

1 紧固凸缘；2 力传感器；3 左装夹装置；4 试件；5 右装夹装置；6 紧固凸缘；
7 拉力弹簧

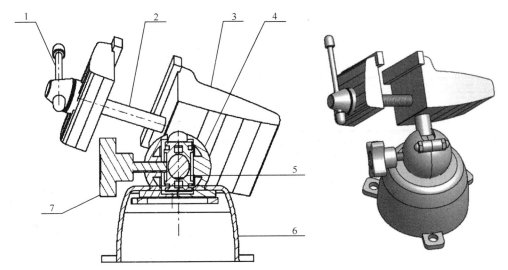

图 7-31　球形台虎钳

1 手柄；2 主轴；3 固定夹爪；4 外部夹紧球；5 内部夹爪；6 装配壳体；
7 定位螺母

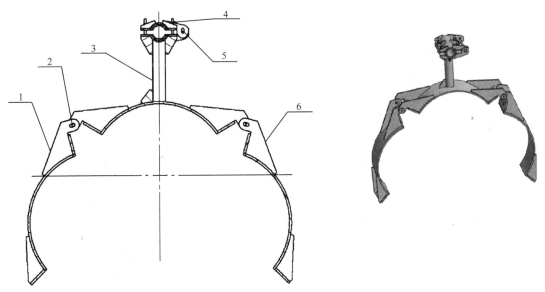

图 7-32　机械手

1 左机械手；2 机械手轴承；3 支承柱；4 轴向固定装置；5 轴固定轴承；
6 右机械手

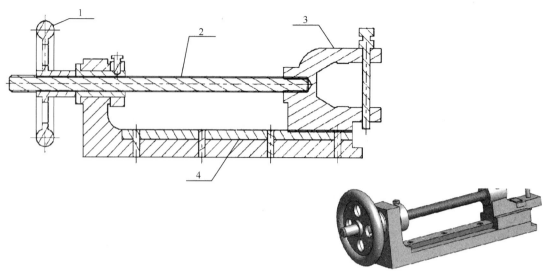

图 7-33　具有装夹单元的传送滑架

1 手轮；2 主轴；3 具有夹爪的传送滑架；4 V 形导轨

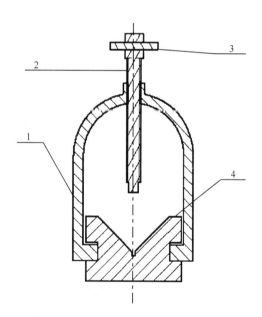

图 7-34　具有锁紧螺栓的 V 形槽

1 弓形装夹架；2 定位螺栓；3 手轮；4 V 形槽

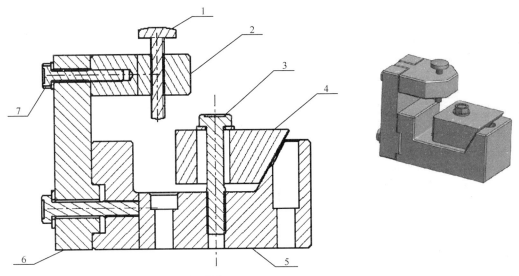

图 7-35　工件装夹系统

1 定位螺栓；2 支架；3 锁紧螺栓；4 定位夹爪；5 底座；6 固定支架；7 固定螺栓

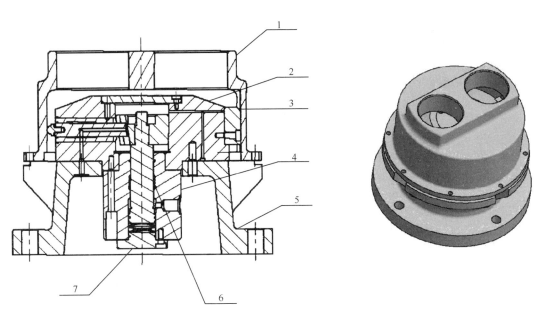

图 7-36　外壳装配夹紧装置

1 工件；2 主体；3 定心装置；4 活塞筒；5 夹具主体下部；6 活塞；7 活塞筒端盖

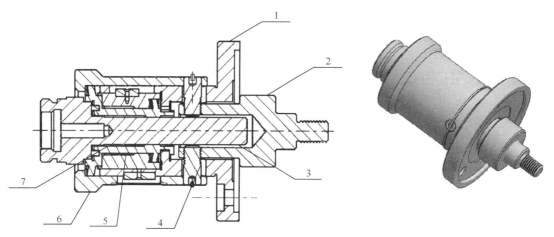

图 7-37　两口径夹持装置

1 外凸缘；2 牵引杆；3 工件；4 锁紧螺栓；5 装置内部；6 装置外部；7 夹紧钳

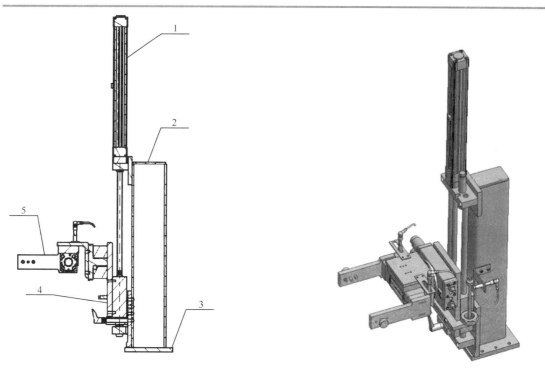

图 7-38　具有线性运动单元的夹具

1 线性运动单元；2 固定-框架；3 底板；4 固定板；5 夹持装置

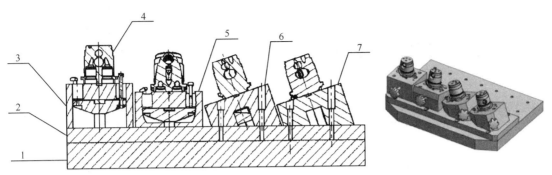

图 7-39　四工序装夹装置

1 底座；2 压板；3 工序装夹座；4 工件；5 工序装夹座；6 工序装夹座；
7 工序装夹座

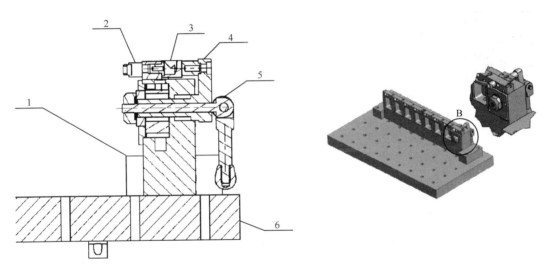

图 7-40　8 倍偏心-张紧夹具

1 装夹支座；2 支架；3 工件；4 夹钳；5 偏心夹紧；6 底座

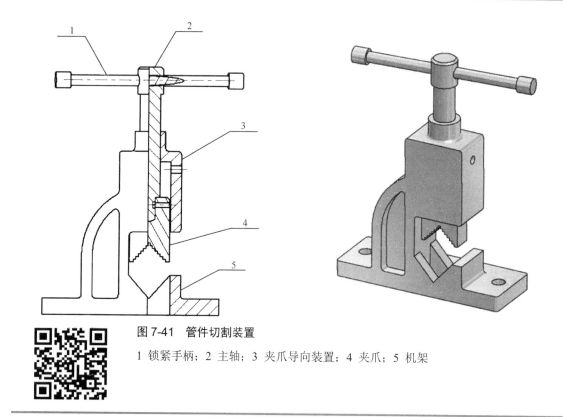

图 7-41　管件切割装置

1 锁紧手柄；2 主轴；3 夹爪导向装置；4 夹爪；5 机架

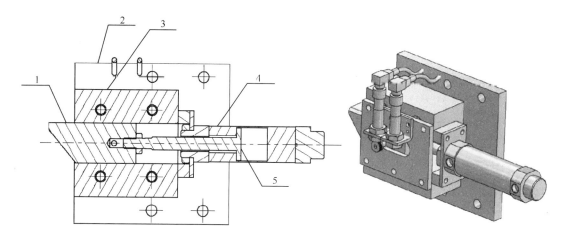

图 7-42　气动楔形装夹装置

1 夹紧楔；2 底座；3 导向装置；4 气缸；5 活塞件

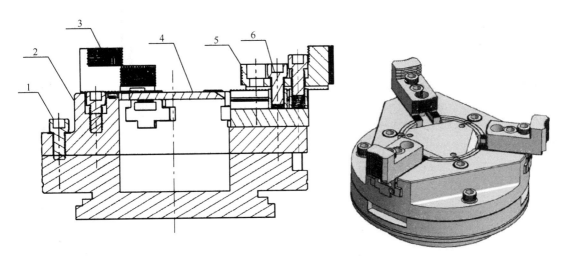

图 7-43　液压三爪卡盘

1 紧固螺栓；2 钳口定心盘；3 装夹钳口；4 盖板；5 钳口；6 紧固螺栓

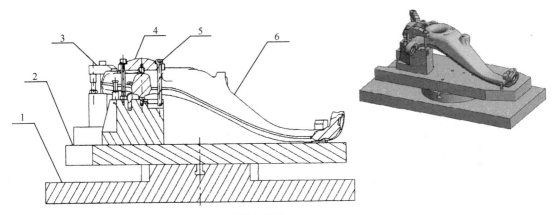

图 7-44　横向控制臂装夹装置

1 固定板；2 压板；3 夹钳；4 夹钳；5 定位螺栓；6 工件

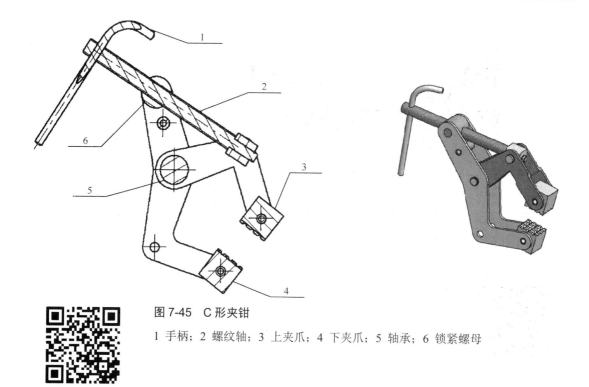

图 7-45　C 形夹钳

1 手柄；2 螺纹轴；3 上夹爪；4 下夹爪；5 轴承；6 锁紧螺母

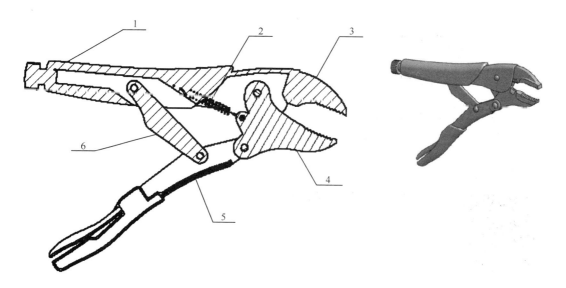

图 7-46　卡钳

1 上部手柄；2 拉力弹簧；3 上夹爪；4 下夹爪；5 下部手柄；6 回转杆

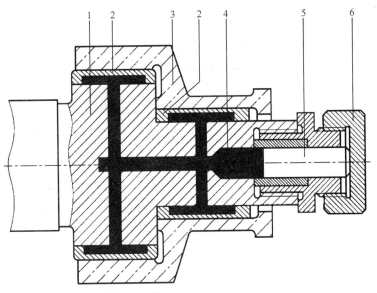

图 7-50　Dehn 轴 Hofer 轴

1 芯体；2 紧固套；3 工件；4 塑性块；5 活塞；6 锁紧螺母

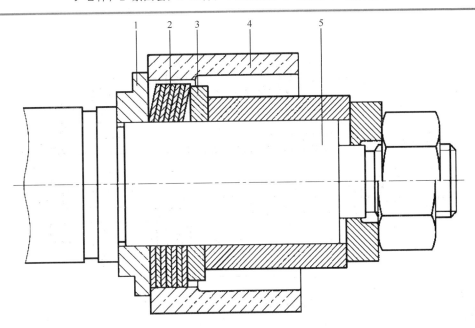

图 7-51　夹具

1 锁环；2 环形夹紧垫圈；3 挡圈；4 工件；5 主心轴

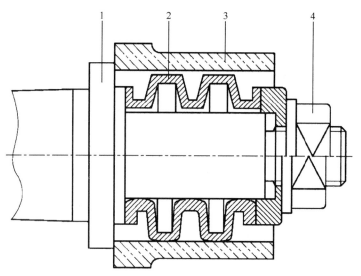

图 7-52　Spieth 轴

1 基体；2 紧固套；3 工件；4 锁紧螺母

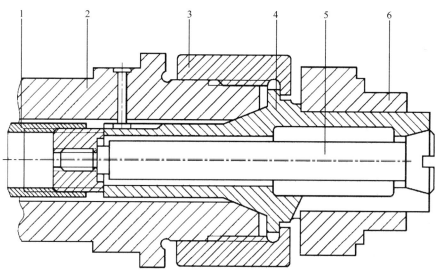

图 7-53　带紧固螺栓的心轴

1 夹头；2 主轴头；3 锁紧螺母；4 芯体；5 锁紧螺栓；6 工件

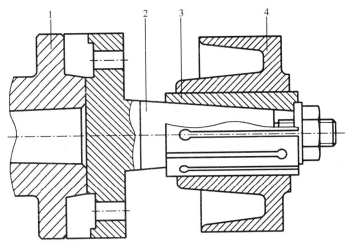

图 7-54　带胀紧的套筒心轴

1 主轴头；2 锥形心轴；3 胀紧套；4 工件

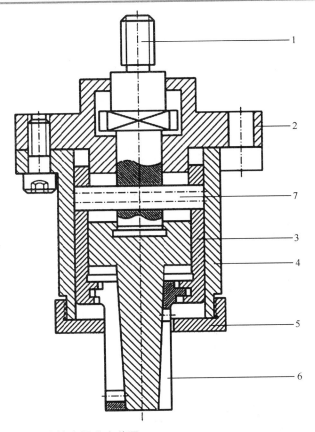

图 7-55　套筒心轴装夹装置

1 拉力螺栓；2 主心轴；3 导向套筒；4 止动套筒；5 挡板；6　紧固套筒；7 牵引楔

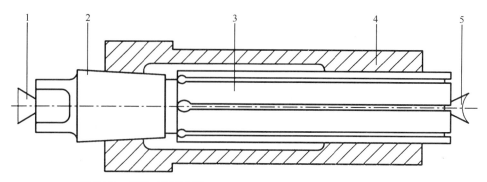

图 7-56　顶尖-胀缩心轴

1 顶尖；2 圆锥形工件夹持装置；3 开槽圆柱形工件夹持装置；4 工件；5 顶尖

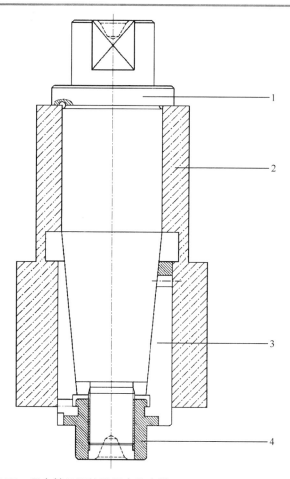

图 7-57　具有轴承环的胀紧套的心轴

1 主心轴；2 工件；3 胀紧套；4 锁紧螺母

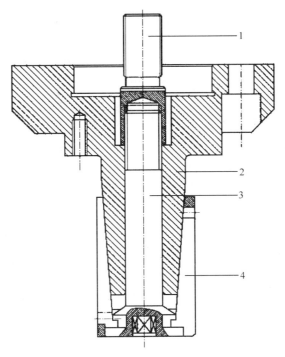

图 7-58　轴向拉力胀紧套心轴

1 中间件；2 主心轴；3 紧固螺栓；4 胀紧套

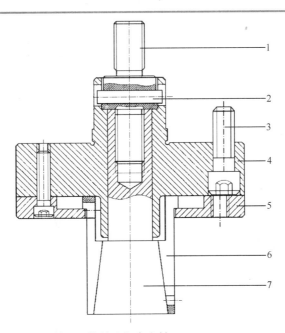

图 7-59　具有轴向元件的胀紧套心轴

1 中间件；2 同步销；3 内六角螺栓；4 主心轴；5 高板；6 胀紧套筒；7 装夹锥

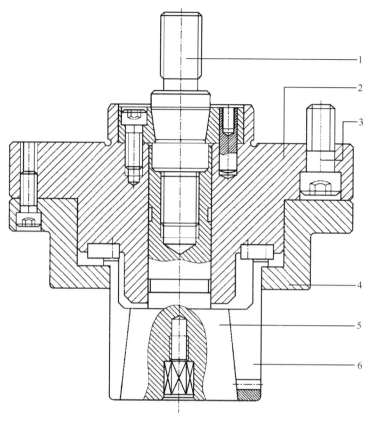

图 7-60　力操纵胀紧套心轴

1 中间件；2　主心轴；3 内六角螺栓；4 工件支架；5 装夹锥；6 胀紧套筒

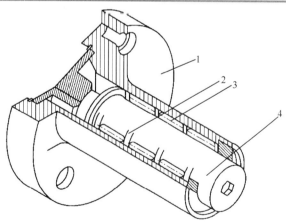

图 7-61　Stieber 轴

1 心轴体；2 外壳；3 钢辊；4 装夹锥

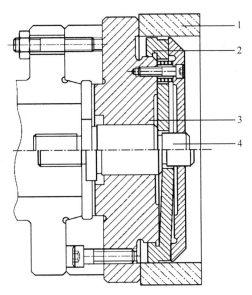

图 7-62　环形夹紧-平面心轴

1 工件；2 装夹机构；3 装夹机构固定装置；4 压力元件

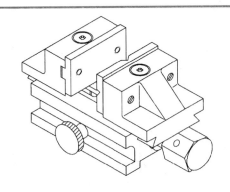

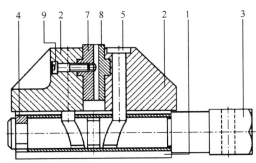

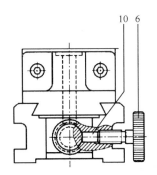

图 7-63　台虎钳

1 底座；2 活动钳口；3 主轴；4 导向板；5 导向柱；6 滚花螺钉；7 夹钳；
8 V 形夹钳；9 圆柱头螺栓；10 压力元件

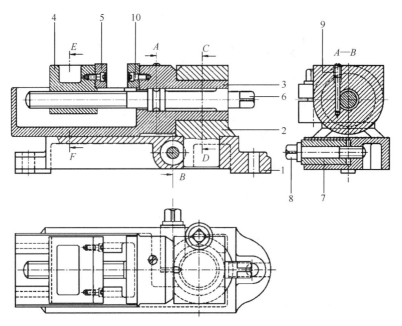

图 7-64　可旋转式机械台虎钳

1 底板；2 支承；3 钳口导向装置；4 模架；5 夹钳；6 主轴；7 装夹套筒；8 方头螺钉；9 回转筒；10 内六角螺栓

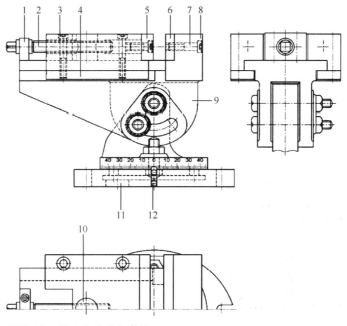

图 7-65　摆动旋转式台虎钳

1 轴承座；2 梯形丝杠；3 六角螺栓；4 导轨；5 夹钳；6 夹钳；7 六角螺栓；8 上部；9 下部；10 插入式螺母；11 导轨；12 完整指针

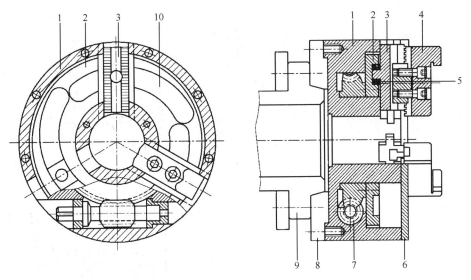

图 7-66　平面凸轮卡盘

1 卡盘体；2 锁紧环；3 钳；4 虎口钳；5 滑环；6 盖板；7 蜗杆；8 卡盘凸缘；9 主轴头；10 夹紧凸轮

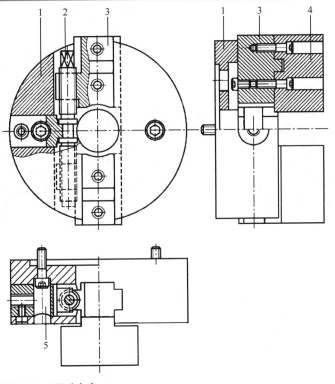

图 7-67　两爪卡盘

1 卡盘体；2 卡盘驱动主轴；3 钳；4 虎口钳；5 轴支架

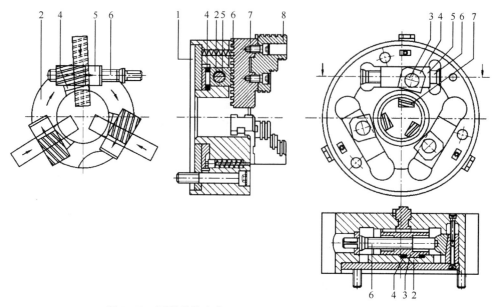

图 7-68　平面凸轮卡盘

1 卡盘体；2 主传动轮；3 花键轴背面的螺栓；4 滑块；5 楔形杆；6 丝杠；7 钳；8 虎口钳

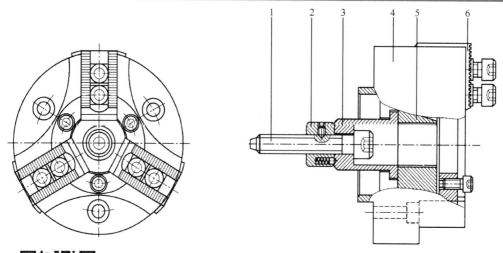

图 7-69　动力装夹-平衡卡盘

1 紧固螺钉；2 定距套；3 拉力套筒；4 卡盘体；5 平衡套筒；6 钳

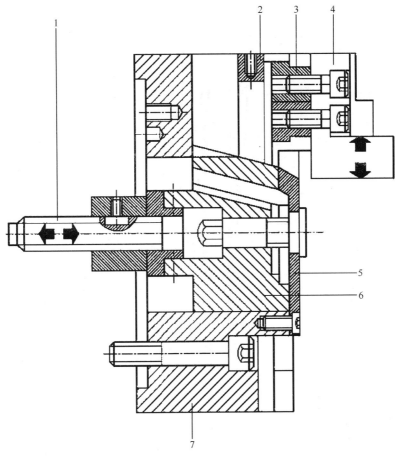

图 7-70　动力卡盘

1 拉力螺栓；2 钳；3 滑块；4 虎口钳；5 端面；6 活塞；7 卡盘体

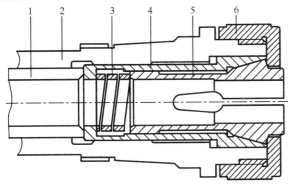

图 7-71　压力夹紧钳

1 压杆；2 主轴头；3 压缩弹簧；4 压缩套；5 弹簧夹头；6 螺母

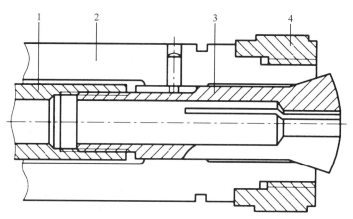

图 7-72　夹紧钳-基本形式

1 拉杆；2 主轴头；3 夹紧钳；4 锁紧螺母

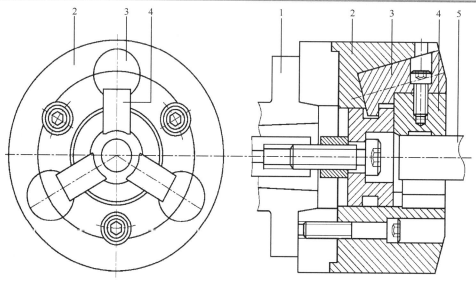

图 7-73　卡盘

1 主轴头；2 卡盘体；3 夹紧钳；4 可互换夹紧卡头；5 工件

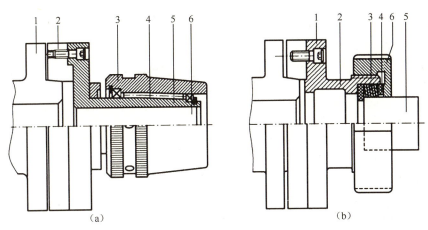

图 7-74　卡盘

（a）Stieber 卡盘：1 主轴凸缘；2 卡盘凸缘；3 锁紧环；4 张紧轮；5 夹体；6 工件架
（b）环形卡盘：1 主轴凸缘；2 卡盘凸缘；3 夹体；4 夹体；5 工件；6 锁紧环

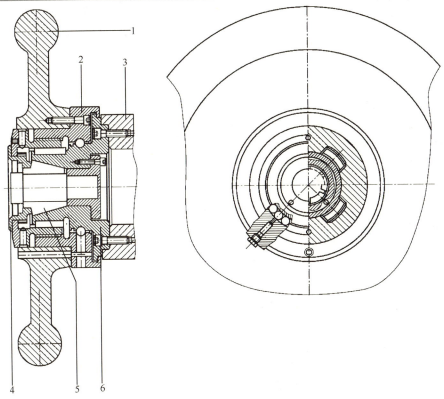

图 7-75　具有夹紧钳的手动卡盘

1 张紧/放松手轮；2 锁紧螺母；3 主轴；4 端盖；5 夹紧钳；6 装夹锥

8 液压和气压技术

3D 图样和 39 个应用示例
2D 图样和 3 个应用示例

3D 设计一览

2D 设计一览

液压和气压

引言

机器、设备和工具，以及自动化的组件将变得越来越复杂。对于所用的液压缸，它们必须是紧凑和高效的并且有广泛多样的可使用种类。几十年以来，缸体适合短行程应用，可以满足这两个要求。后期的发展并没有改变基本形状，但是密封件、导向系统以及生产方法一直被完善。同时，缸体的变化可能性是非常多样的。

一方面，针对不同情况可以找到相应的缸体，另一方面对于用户来说对产品的全面了解变得更加困难。

液压缸的特性

液压缸可以在最狭小的空间产生极其大的力。相对需要的能量必须由外部压缩机来提供，并且通过压力管道输送给液压缸。必需的机组、控制单元和输送管道需要相应的空间。相对于其他方案来说液压缸的空间优势只限于产生力的部件。

一个液压缸行程的设计是由线性和向上限制的。液压缸冲程的标准范围在 1～2000mm。在特殊应用中还存在着一些冲程相当长的液压缸。原则上，大多数行程限制可能是由于不利于液压缸的使用。使用一段已知的时间后液压缸会出现一个漏损量。甚至当这个缸明显是紧密的，也必须在活塞杆的出口使用润滑油膜。漏油会给如食品生产或者高敏感注塑成型的塑料加工带来非常严重的后果。尽管漏油收集系统可以解决这个问题，但是这影响了提高的空间要求和成本，这些必须在液压缸使用时考虑到。

气压缸

气压缸是一个以最大 12Pa（根据缸体种类）的压缩空气为驱动力的工作缸。气压缸在很多气动应用中使用，如注塑模具、传动技术、驱动技术或控制技术。

气压缸分为单边和双边气压缸，它们也被简单地称为单作用和双作用缸。

气压缸的交换符号是由 ISO 标准化的。

由于空气是可压缩的，它可以与黏滑现象相关，导致气缸的启动不稳定。对于某些领域还有电动和液压缸可供选择。

单作用缸

单作用缸是指液压油产生的力对于活塞杆的推动只在活塞表面有效。回程（活塞杆缩回）通过在活塞杆上压缩的载荷完成。

双作用缸

双作用缸在活塞的两侧都有一个通压缩空气的接口，这样才可以通过活塞杆的伸缩完成工作。

差动液压缸

一个差动液压缸只在一个活塞表面处有一个活塞杆。因此它有两个不同大小的有效面积，在活塞侧的表面，它完全作用，而在杆侧的面上，只有环形表面起作用。因此，正常情况下差动液压缸在两个不同的速度下工作。

柱塞缸

柱塞缸没有真正的柱塞。

冲压缸

冲压中出现的动载荷主要是由击穿、振动和压力峰值中引起的卸载冲击，它们对驱动装置的结构提出了要求。而标准块缸都被设计成夹紧缸，因此冲压缸就是为了满足夹紧缸的使用而特别开发的。它的特征是在接口处有更大的通道、更强大的组件设计和特殊的密封件和导向件的布置。

串联缸

一个串联缸由两个气缸互联，第一个气缸的活塞杆通过第二个气缸的底部作用在其活塞杆上。因此，虽然减小了结构尺寸，但是由于有效活塞面积的增大而获得了更大的力。

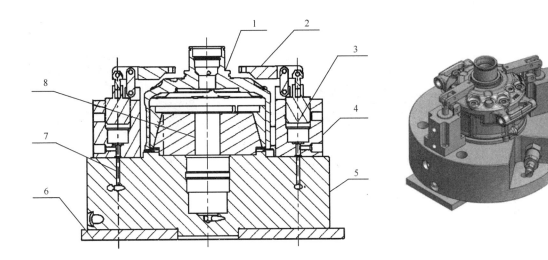

图 8-1　液压夹紧系统

1 工件；2 夹紧元件；3 缸；4 液压-元件；5 机架；6 固定盘；7 压力油路；8 工件架

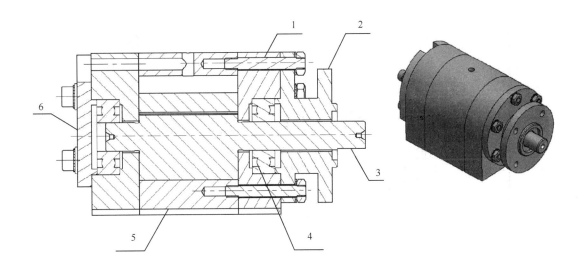

图 8-2　气动缸发动机

1 紧固螺钉；2 定心法兰；3 传动轴；4 球轴承；5 壳体；6 端盖

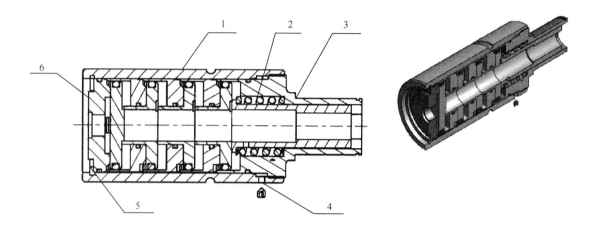

图 8-3　气动串联缸

1 壳体；2 压缩弹簧；3 工件架；4 锁紧螺钉；5 卡环；6 带密封圈的防尘盖

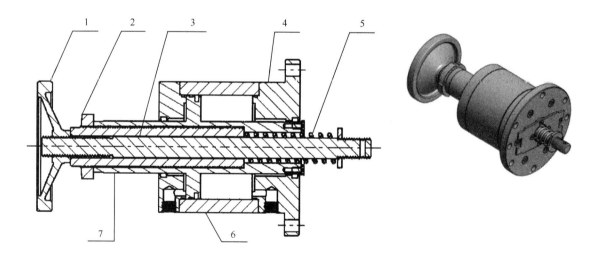

图 8-4　气动缸

1 手轮；2 锁紧螺母；3 主轴；4 固定法兰；5 压缩弹簧；6 中间件；7 套筒

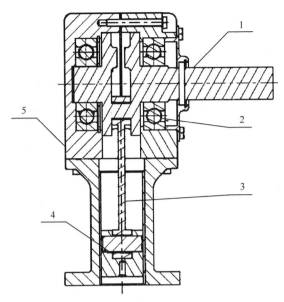
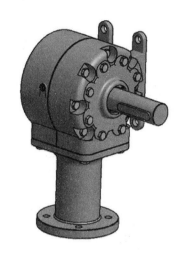

图 8-5 柱塞泵

1 曲轴；2 球轴承；3 推杆；4 气缸活塞；5 机构壳体

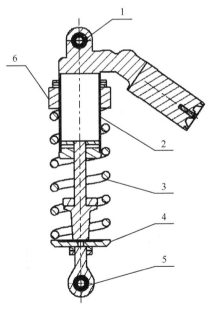
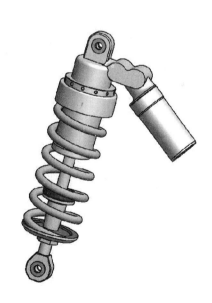

图 8-6 减震支柱缸

1 固定用轴承座；2 压力缸；3 压缩弹簧；4 弹簧架；5 夹紧螺母；6 限动法兰

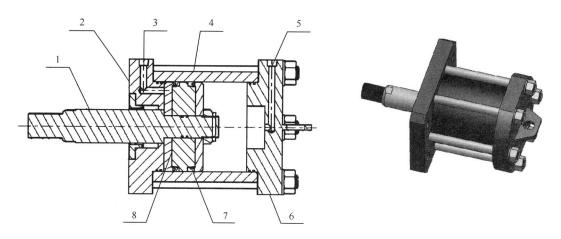

图 8-7　液压缸

1 缸轴；2 左端盖；3 进气道；4 缸；5 出气道；6 右端盖；7 密封圈；8 活塞

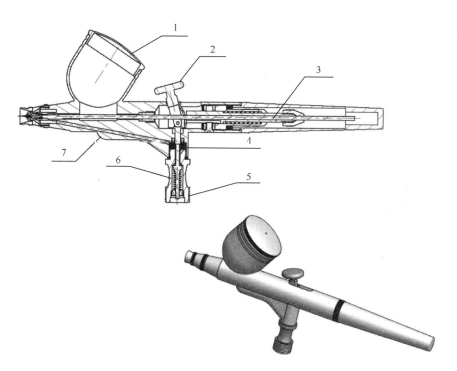

图 8-8　小型喷射枪

1 墨斗；2 放气杆；3 轴导向；4 气门密封；5 压缩空气连接；6 压缩弹簧；7 壳体

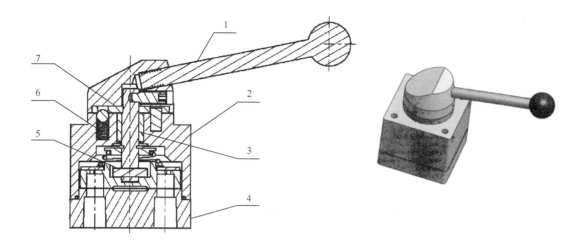

图 8-9 气动手阀

1 手柄；2 阀套；3 轴；4 底座；5 从动销；6 压缩弹簧；7 孔板

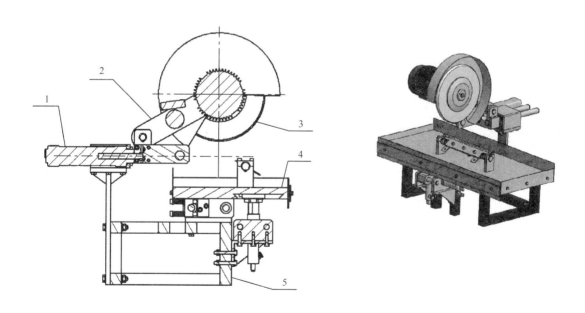

图 8-10 气动切割机

1 气压缸；2 固定杆；3 切刀；4 滑板；5 支架

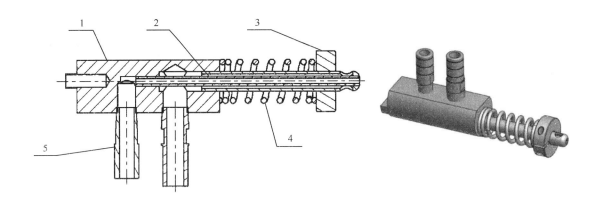

图 8-11　真空喷嘴

1 基体；2 调节管；3 锁紧螺钉；4 压缩弹簧；5 喷嘴入口

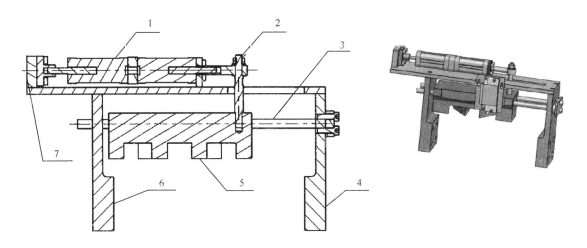

图 8-12　传送带上气动控制分频器

1 气压缸；2 偏转杆；3 轴承腹板；4 机架；5 腹板；6 机架；7 气压缸固定板

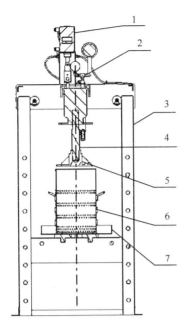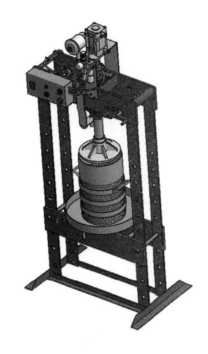

图 8-13 分离液体用液压机

1 气缸；2 调节装置；3 架；4 轴；5 压力垫圈；6 缸；7 收集槽

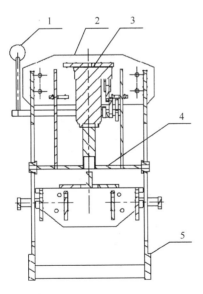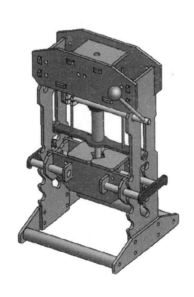

图 8-14 液压机

1 手柄；2 外壳板；3 液压缸；4 调节板；5 机架

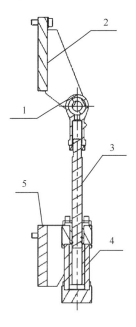
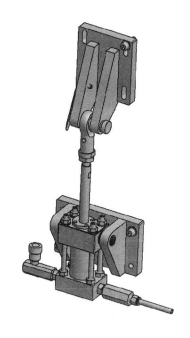

图 8-15　压力机用液压泵

1 活球接头；2 固定板；3 缸轴；4 缸；5 固定板

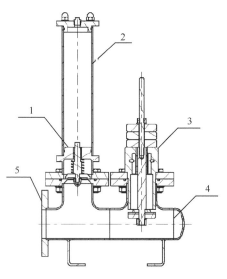
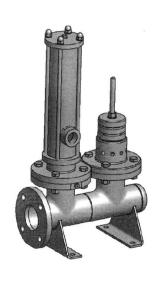

图 8-16　启动泵

1 阀组件；2 罐；3 阀；4 管体；5 连接法兰

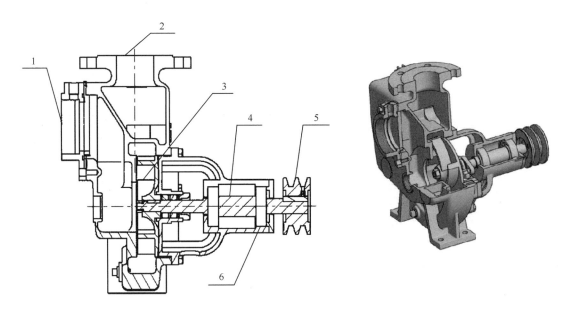

图 8-17　离心泵

1 左半壳体；2 进气连接；3 螺旋桨叶片；4 轴壳；5 皮带轮；6 球轴承

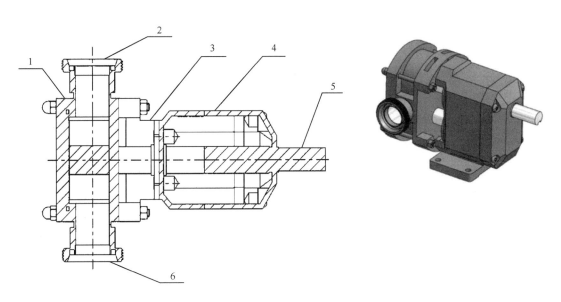

图 8-18　旋转活塞泵

1 左半壳体；2 进气连接；3 轴承；4 轴壳体；5 轴；6 出口连接

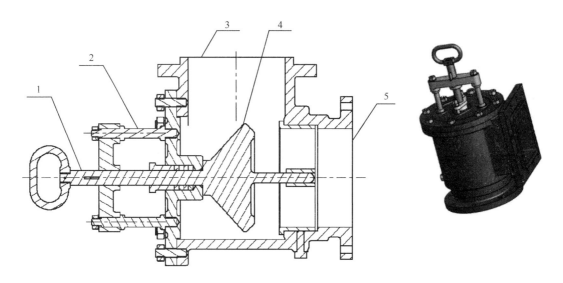

图 8-19　截止阀

1 操纵手柄；2 导向；3 导向连接；4 密封圈；5 法兰

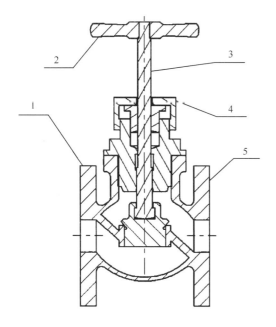

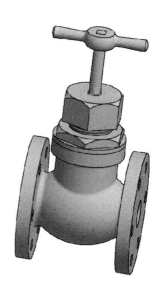

图 8-20　气压手动阀

1 壳体法兰；2 手轮；3 主轴；4 封闭螺母；5 活塞密封

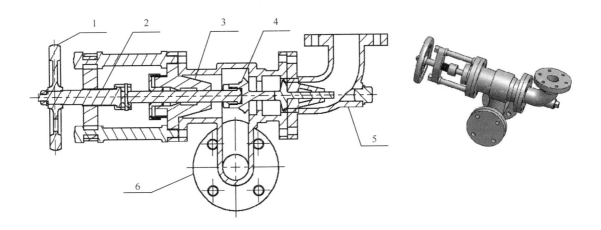

图 8-21 截止阀

1 手柄；2 主轴螺钉；3 轴导向；4 密封件；5 90°弯管；6 T 形法兰

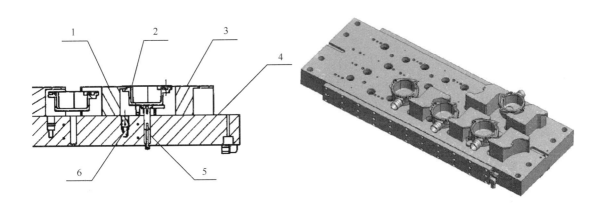

图 8-22 数控中心的气压夹紧装置

1 工件固定；2 工件；3 工件固定；4 基板；5 工件支架；6 液压夹紧系统

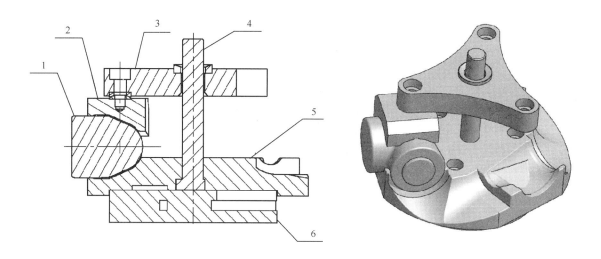

图 8-23　液压夹紧装置-星形

1 工件；2 工件用夹钳；3 压紧板；4 液压夹紧轴；5 工件压板；6 基板

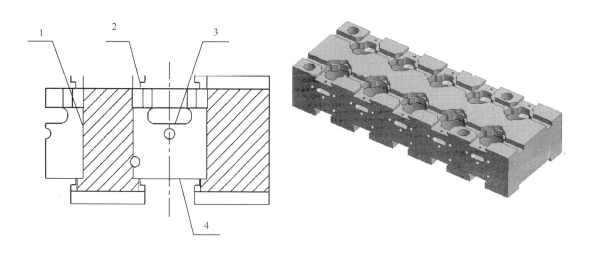

图 8-24　液压夹紧装置-块状

1 块板；2 工件固定；3 工件扭转支承；4 工件制动

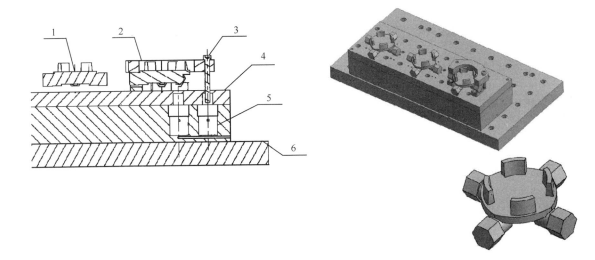

图 8-25　液压夹紧装置-托盘

1 工件；2 工件夹紧盘；3 夹紧螺钉；4 隔板；5 液压夹紧系统；6 基板

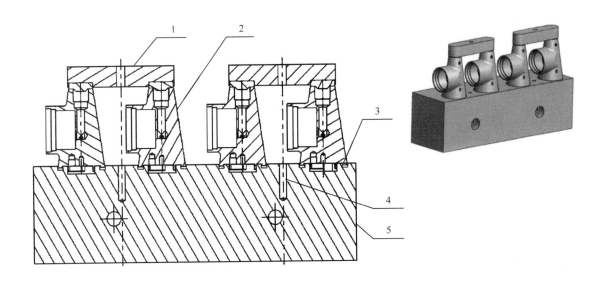

图 8-26　加工中心的机械夹紧装置

1 夹紧板；2 工件；3 工件固定件；4 工件固定钻孔；5 基板

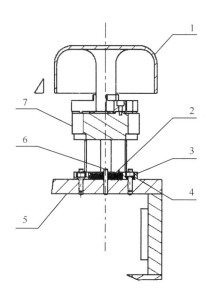
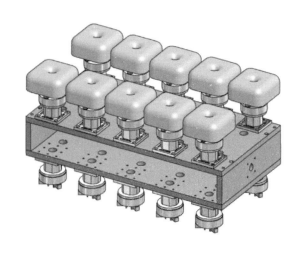

图 8-27　数控装配中的气动卡盘

1 工件；2 公差补偿用压缩弹簧；3 补偿板；4 螺栓；5 支承板；6 定位销；
7 三爪卡盘

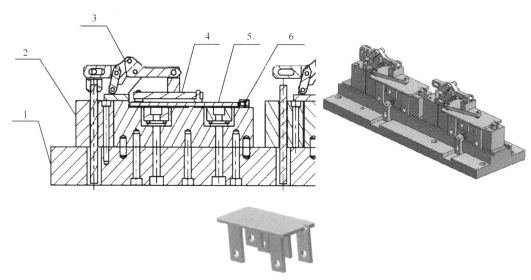

图 8-28　数控装配中的气动夹紧装置

1 底座；2 工件支承板；3 快速卡头；4 夹紧板；5 工件 ；6 工件制动

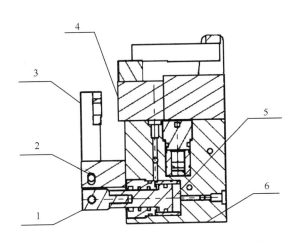
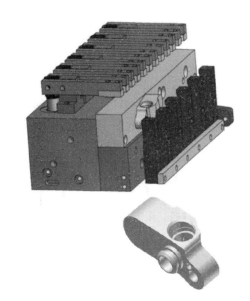

图 8-29　数控装配中的气动夹紧装置
1 夹紧缸；2 夹紧杆轴承；3 夹紧杆；4 夹紧板；5 气压缸；6 基体

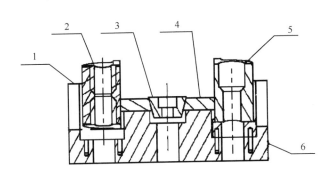
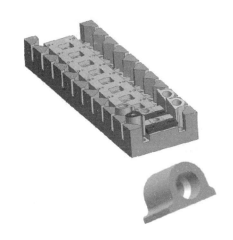

图 8-30　数控装配中的气动夹紧装置
1 基体；2 工件；3 夹紧棱轨；4 压盘；5 工件；6 基体

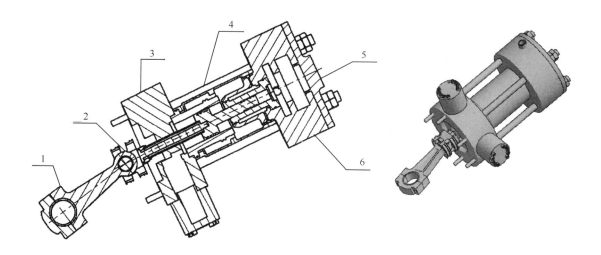

图 8-31　液动压缩缸

1 连杆；2 轴承支座；3 壳体；4 气缸套；5 端盖；6 基体

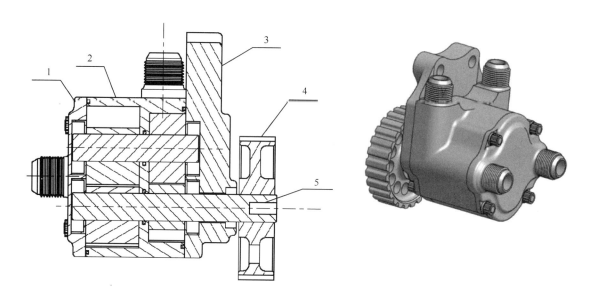

图 8-32　油泵

1 端盖；2 壳体；3 固定法兰；4 齿轮；5 输出轴

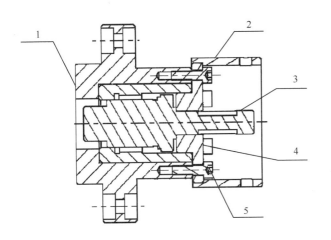

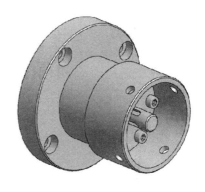

图 8-33　气动活塞振动器

1 齿轮；2 端盖；3 传动轴；4 固定法兰；5 螺钉

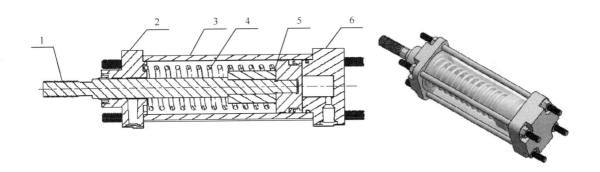

图 8-34　气缸

1 活塞轴；2 外壳盖；3 工作缸；4 压缩弹簧；5 活塞；6 缸盖

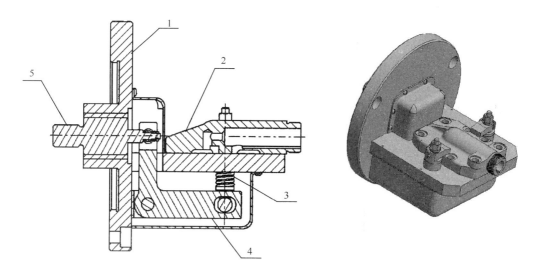

图 8-35　液压夹紧装置

1 固定盖；2 工件；3 压缩弹簧；4 转向杆；5 活塞轴

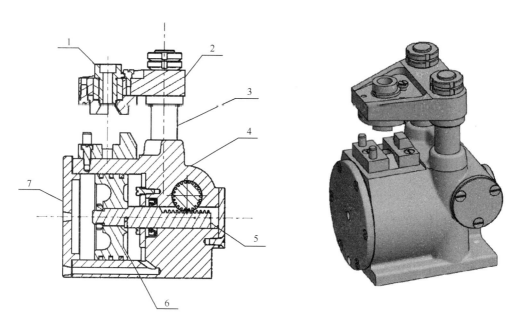

图 8-36　气压夹紧装置

1 钻套；2 钻和夹盘；3 导向轴；4 壳体；5 齿条；6 活塞；7 端盖

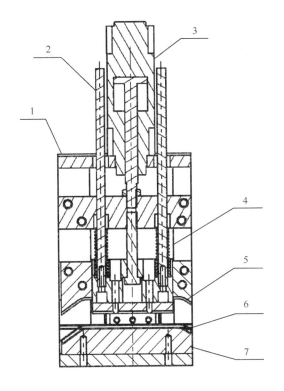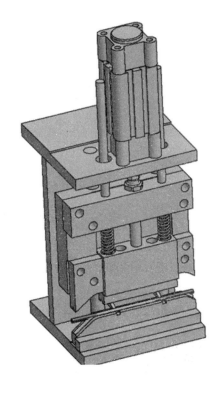

图 8-37 启动弯曲工具

1 壳体壁；2 导柱；3 气压缸；4 压缩弹簧；5 工件用弯曲钳口；6 工件；7 折弯模具

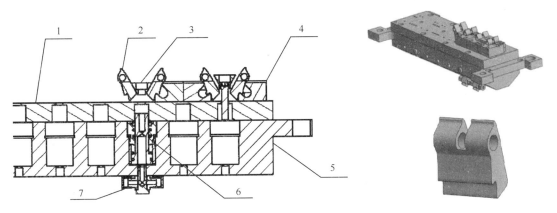

图 8-38 数控中心的气动夹紧装置

1 壳体板；2 工件；3 夹紧楔；4 夹爪；5 底板；6 夹紧缸；7 分配阀

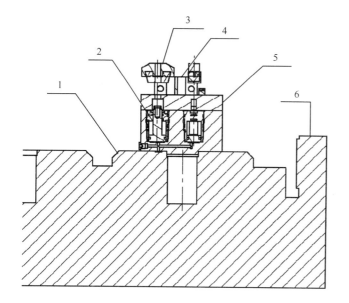
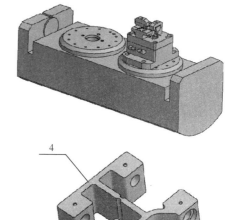

图 8-39 数控中心的气动夹紧装置

1 转台支架；2 液压缸；3 夹钳；4 工件；5 基板；6 数控机床转台

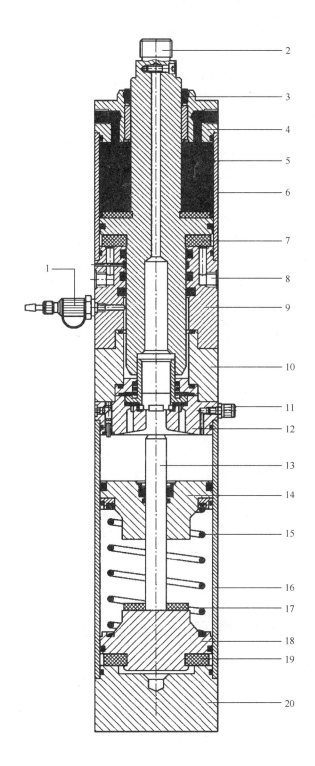

图 8-50 气压缸

1 开关板手；2 带连杆活塞；3 密封圈；4 端盖；5 空气；6 管；7 垫片；8 供气；9 隔套；10 连接块；11 通气孔；12 活塞头；13 杆；14 活塞；15 弹簧；16 管；17 垫片；18 活塞；19 垫片；20 尾块

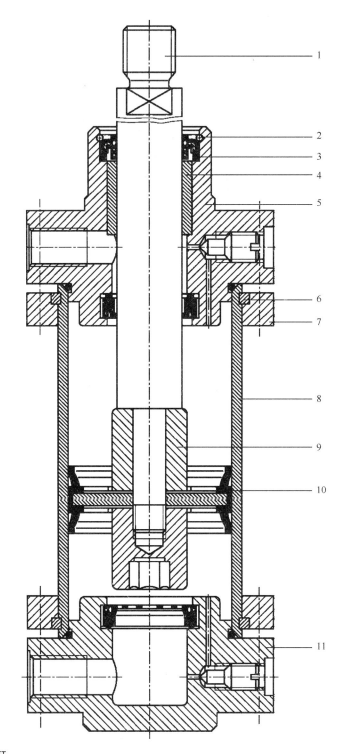

图 8-51   空气压缩缸

1 活塞杆；2 卡环；3 密封环；4 导向环；5 前盖；6 紧固环；7 卡环；8 管；9 减震活塞；10 活塞；11 底盖

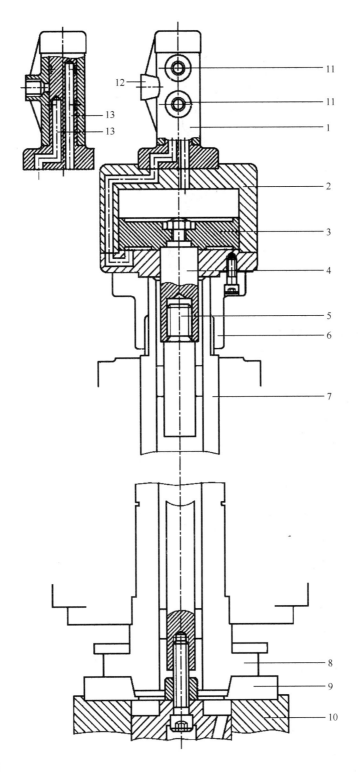

图 8-52 压力油缸

1 供油（不与壳体同步）；2 缸；3 活塞；4 活塞杆；5 卡盘连接杆；6 法兰；7 工作主轴；8 主轴头；9 夹头法兰；10 卡盘；11 进油口；12 漏油排口；13 供油环道

9 钻孔夹紧装置

3D 图样和 21 个应用示例
2D 图样和 23 个应用示例

3D 设计总览

2D 设计一览

钻孔夹紧装置是一种主要的夹紧装置，同时，在钻削过程中也对钻削工具进行强制导向。由于它大多数运用在钻床和镗床上，且主要功能是简化、加快和更加精确地完成钻孔过程，所以，通常情况下钻孔夹紧装置被简称为钻孔夹具。

钻孔夹紧装置的分类

钻孔夹紧装置通常情况下在命名上是极其不同的，比如：钻模、钻孔夹具或者钻箱。

● 钻孔靠模：成型靠模、环形或者定心靠模。

钻孔靠模通常被称为最简单的钻孔装置，大多数自身没有夹紧元件，可与工件直接固定，或与工件一起在机床工作台上固定。

● 标准钻孔装置：带有固定钻板和活动钻板。

通常情况下，标准钻孔装置在机床工作台上被夹紧固定，并且在加工过程中一直保持固定，成为机床的一部分。

● 摆动钻孔装置：有一个或两个相交的摆动轴。

● 翻转钻孔装置：与前面提到的不同，并不是在机床上固定，而是在机床工作台上迅速翻转和移动，这样可以从不同方向钻孔。由于它的外形是箱体的形状，因此它也被称为钻箱。

● 多功能钻孔装置：通常情况下是由标准钻孔装置延伸而来的。它与传统钻孔装置的最大不同点在于，钻板和工件支承的元件可以快速和轻松地更换，以达到用同样的钻孔装置配备不同的钻板和支承元件实现对不同工件的加工。多功能钻孔装置的使用多样性，使其更适合需要频繁更换制造过程的工厂。

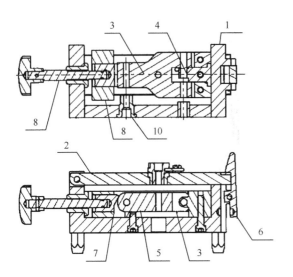

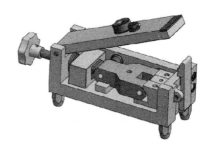

图 9-1 铸件钻孔装置

1 支承件；2 夹紧板；3 工件；4 工件定心件；5 支座；6 锁紧元件；7 夹紧元件支承；8 夹紧螺栓

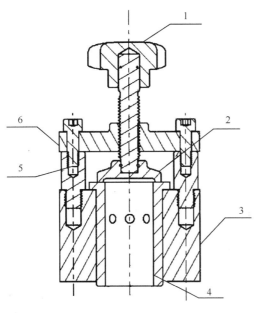

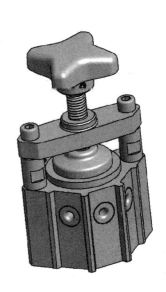

图 9-2 立体钻孔装置

1 十字旋钮；2 夹钳；3 基座；4 工件；5 内六角螺栓；6 支承板

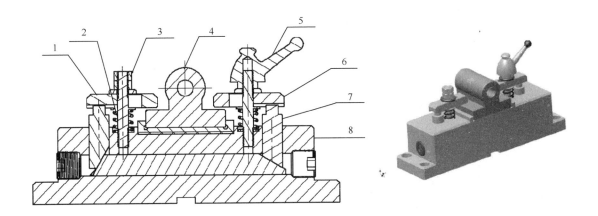

图 9-3 力转向钻孔装置

1 夹铁；2 定位螺钉；3 固定螺母；4 工件；5 夹紧手柄；6 夹铁；7 调整螺母；8 装置体

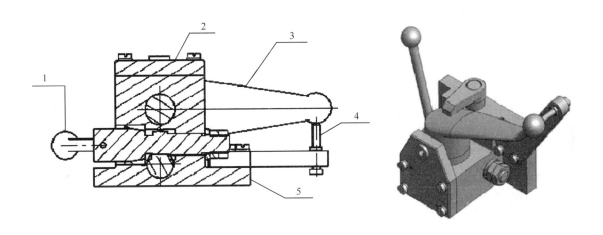

图 9-4 铸件钻孔装置

1 夹紧手柄；2 钻头导向板；3 工件；4 定位螺栓；5 基座

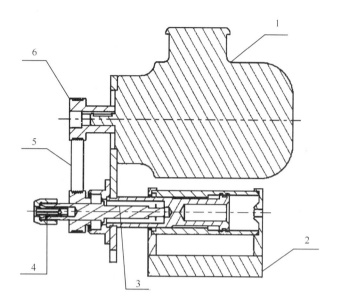
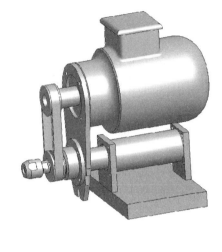

图 9-5　齿形皮带传动的钻孔轴

1 电机；2 底座；3 钻头主轴；4 钻头套；5 同步齿形带；6 皮带轮

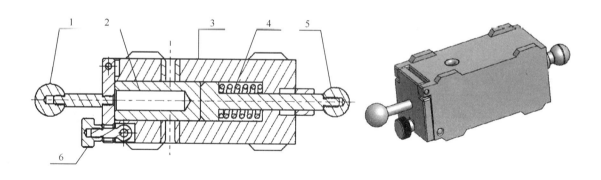

图 9-6　带弹簧顶出器的钻孔装置

1 夹持、翻转和移动手柄；2 工件；3 基座；4 压缩弹簧；5 弹性止动块和顶出器；
6 活门锁止滚花螺母

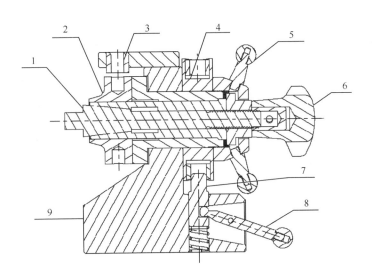
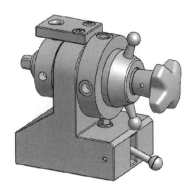

图 9-7　圆形件钻孔装置

1 工件支承；2 工件；3 钻套；4 分度垫片；5 钻孔分度手柄；6 手轮；7 分度销；
8 锁止手柄；9 支座

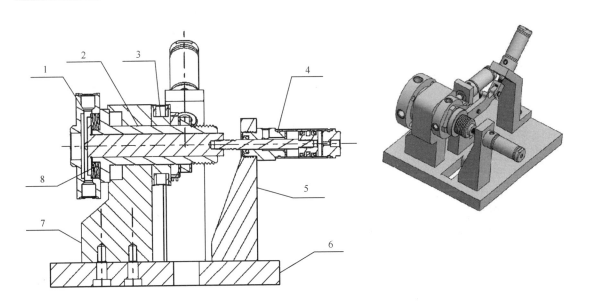

图 9-8　圆形件钻孔装置

1 工件；2 行程轴；3 钻套；4 缸；5 固定角块；6 基板；7 座块；8 环形压力垫片

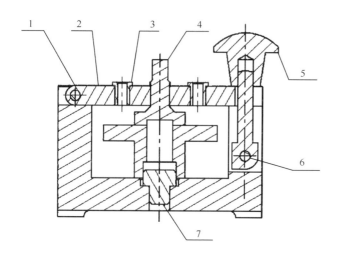
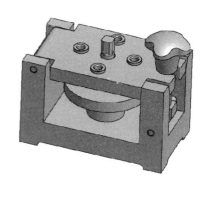

图9-9　带活门钻孔装置

1 钻头导向板铰链；2 钻头导向板；3 钻孔套筒；4 工件；5 固定手柄；
6 固定手柄铰链；7 工件对中

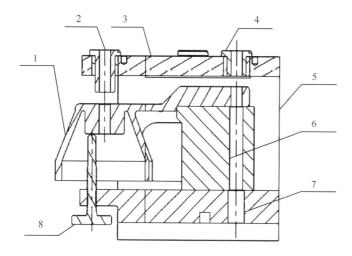
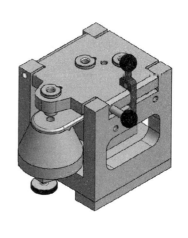

图9-10　带活门钻孔装置

1 工件；2 钻套；3 活门；4 钻套；5 基体；6 距离垫块；7 垫块；8 滚花螺栓

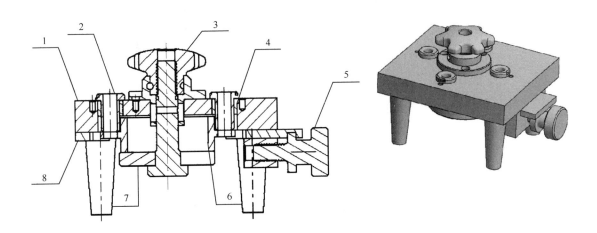

图 9-11 钻孔夹紧装置

1 基板；2 钻套；3 转动旋钮；4 基础钻孔 5 夹紧螺栓；6 工件；7 夹紧垫片；
8 棱柱体

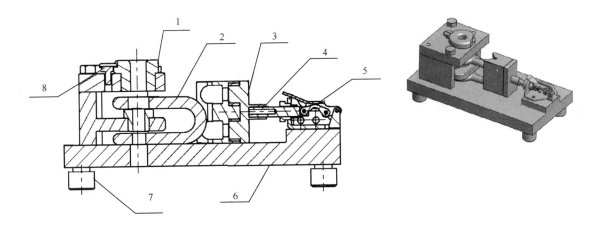

图 9-12 双钻套钻孔装置

1 钻套；2 工件；3 对中滑块；4 夹紧销；5 夹紧元件；6 基板；7 基脚；
8 钻套固定销

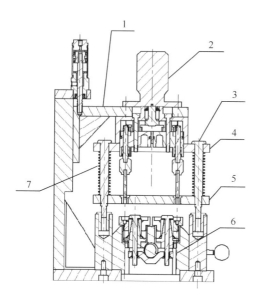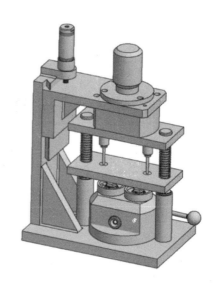

图 9-13　双轴钻孔装置

1 机架；2 钻头单元；3 导向柱；4 上钻头导向板；5 下钻头导向板；　6 夹紧装置；
7 压缩弹簧

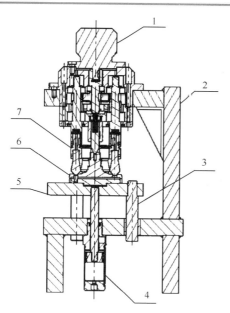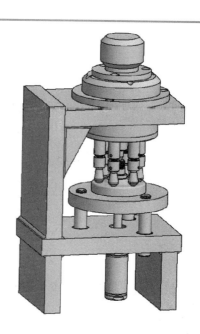

图 9-14　多孔扩孔用钻孔装置

1 电机；2 总机架；3 导向柱；4 缸；5 支承板；6 工件；7 刀架

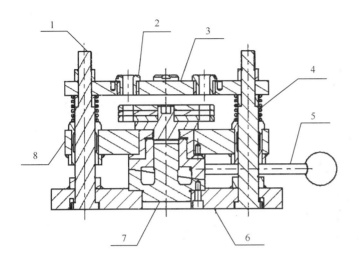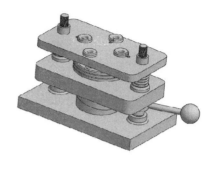

图 9-15　快速夹紧钻孔装置

1 导向柱；2 钻头导向套；3 导向板；4 压缩弹簧；5 夹紧手柄；6 底座；7 凸轮基座；8 升降板

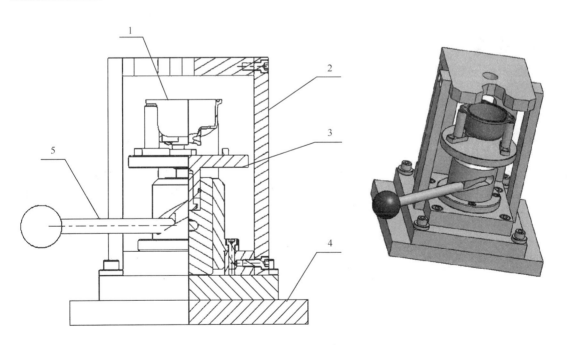

图 9-16　快速夹紧钻孔装置

1 工件；2 框架；3 工件支承；4 基板；5 夹紧手柄

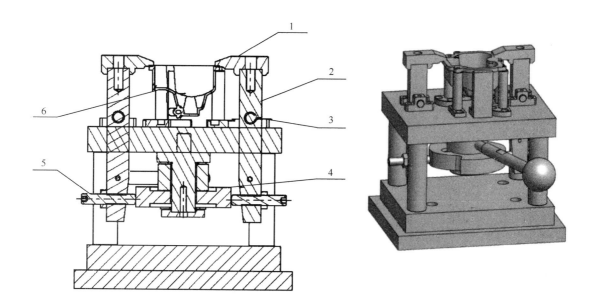

图 9-17　带夹紧偏心的钻孔装置

1 夹块；2 摆动臂；3 摆动臂铰链；4 偏心轮；5 定位销；6 工件

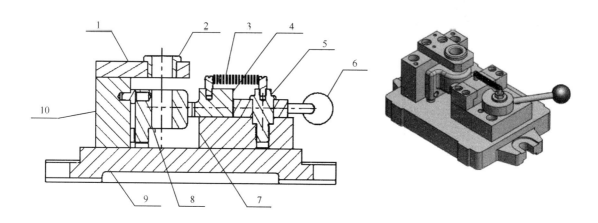

图 9-18　带夹紧偏心的钻孔装置

1 钻套保持板；2 钻套；3 拉伸弹簧；4 夹紧滑块；5 夹紧偏心；6 夹紧手柄；
7 支承块；8 工件；9 基板；10 支承块

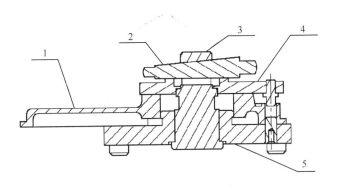
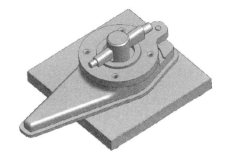

图 9-19　快速夹紧钻孔装置

1 工件；2 夹紧楔；3 夹紧楔；4 钻头导向板；5 基板

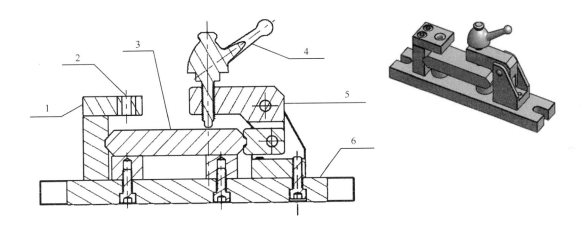

图 9-20　带偏心夹紧的钻孔装置

1 钻头导向板；2 钻套；3 工件；4 夹紧力传递和转向元件；5 夹紧手柄支承；6 基板

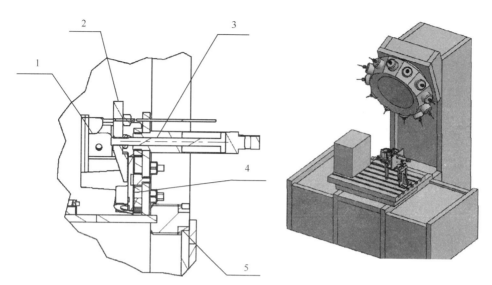

图 9-21　带工件更换的钻孔装置

1 工件；2 夹块；3 气动压力缸；4 工件定心件；5 固定板

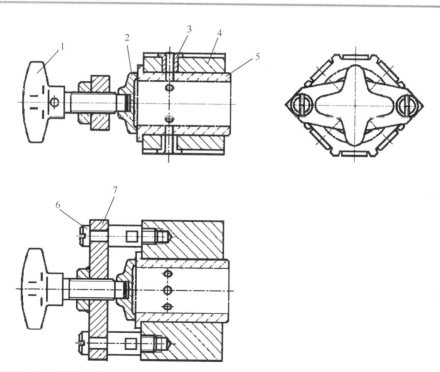

图 9-50　对各种组件的钻孔装置

1 十字旋钮；2 夹钳；3 钻套；4 基座；5 工件；6 螺栓；7 支承板

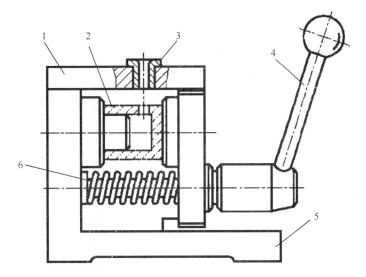

图 9-51 C 型钻孔装置

1 钻套板；2 工件；3 钻套；4 夹紧手柄；5 基板；6 压缩弹簧

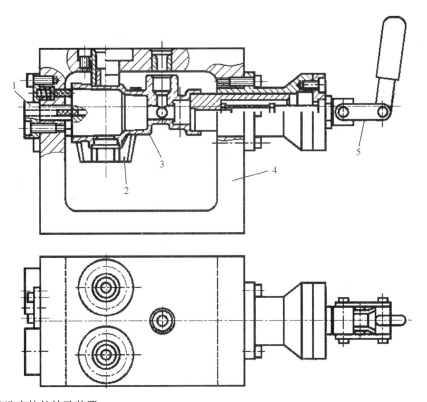

图 9-52 对铸造壳体的钻孔装置

1 定心件；2 支承；3 工件；4 基座；5 夹具

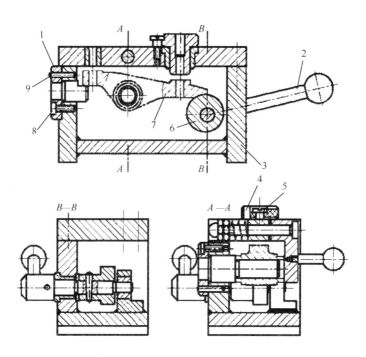

图 9-53　对一个锻造杆的钻孔装置

1 法兰；2 手柄；3 基座；4 钻套；5 螺栓；6 偏心轮；7 工件；8 内六角螺栓；9 销

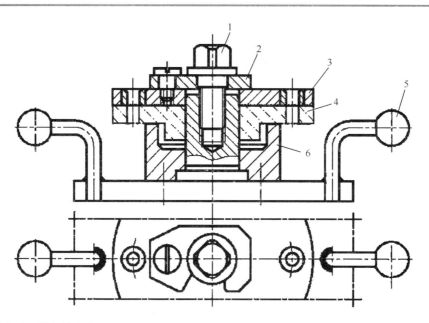

图 9-54　对各种工件的钻孔装置

1 夹紧螺栓；2 垫片；3 钻模；4 工件；5 保持和活动手柄；6 装置主体

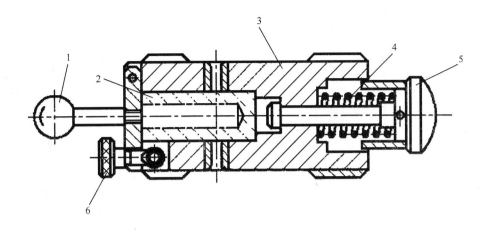

图 9-55   带工件顶出机的钻孔装置

1 保持、翻转和活动件；2 工件；3 基座；4 压缩弹簧；5 顶料件；6 滚花螺母

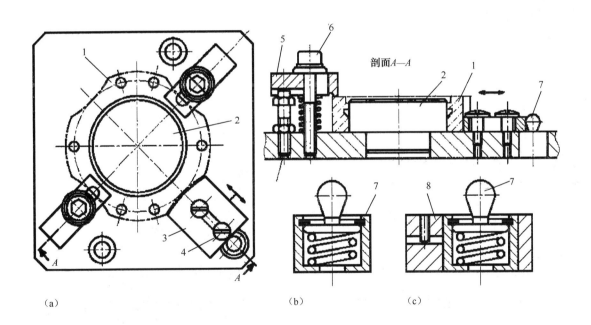

（a）　　　　　　　　　　　　　　（b）　　　　　　（c）

图 9-56   对带外环的密封圈的钻孔装置

1 工件；2 中间定位；3 定位用成型件；4 吊耳螺钉；5 夹钳；6 夹紧螺栓；7 侧压力件；8 锁止偏心套筒

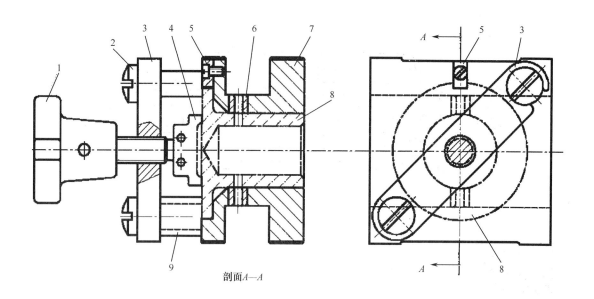

剖面A—A

图 9-57　箱型钻孔装置

1 十字交叉手柄螺栓；2 带肩螺钉；3 转向销；4 限动器；5 成型件；6 钻套；
7 箱-基体；8 工件；9 隔套

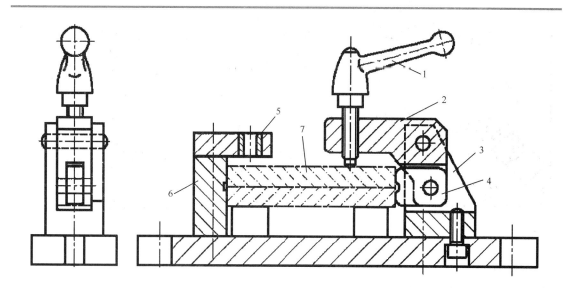

图 9-58　板件钻孔装置

1 夹紧手柄；2 锁模力传递和转向手柄；3 叉件；4 两点摇杆；5 钻套；6 装置主体；7 工件

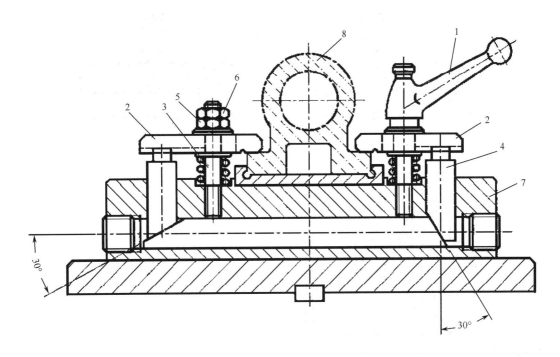

 图 9-59　壳体钻孔装置

1 固定手柄；2 夹钳；3 螺栓；4 传动元件；5 调整螺母；6 锁紧螺母；7 装置主体；
8 工件

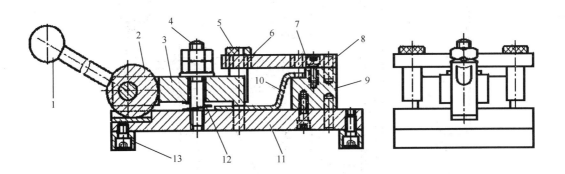

图 9-60　固定板钻孔装置

1 球；2 偏心；3 夹紧爪；4 螺栓；5 插钻套；6 底垫环；7 钻套；8 钻板；9 逆止器；10 支承板；
11 底板；12 压缩弹簧；13 支承轨

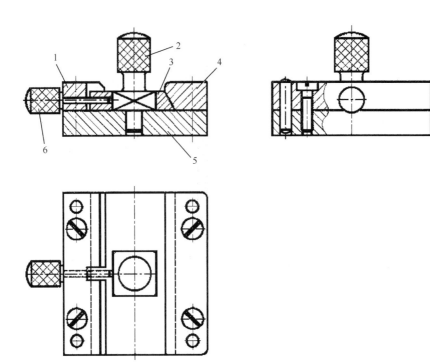

图 9-61　钻孔控制装置

1 导轨；2 螺栓；3 滑块；4 导轨；5 基座；6 控制螺钉

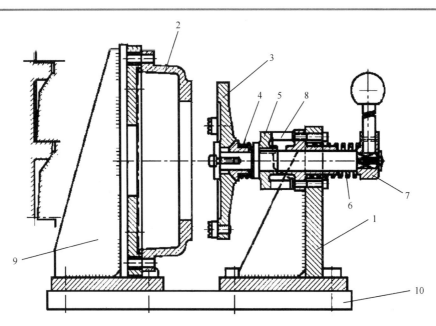

图 9-62　对各种工件的钻孔装置

1 座；2 工件；3 夹盘；4 压缩弹簧；5 套筒；6 压缩弹簧；7 手柄；8 夹紧凸轮；9 座；10 板

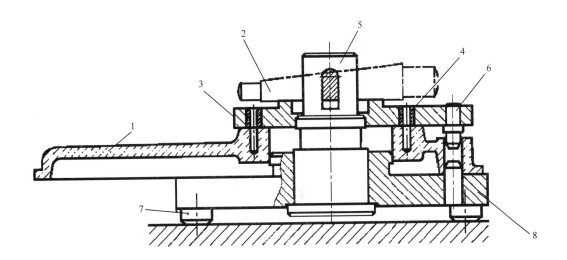

 图 9-63   带夹紧楔的钻孔装置

1 工件；2 楔；3 钻板；4 钻套；5 芯；6 定心芯；7 螺栓；8 板

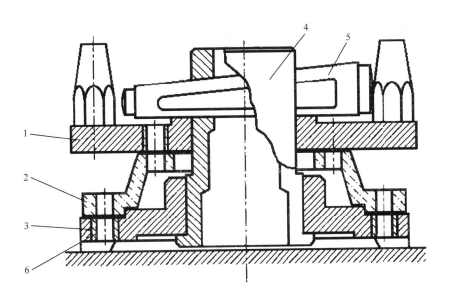

图 9-64   带夹紧楔的钻孔装置

1 钻板；2 工件；3 钻板；4 钻套；5 楔；6 钻套

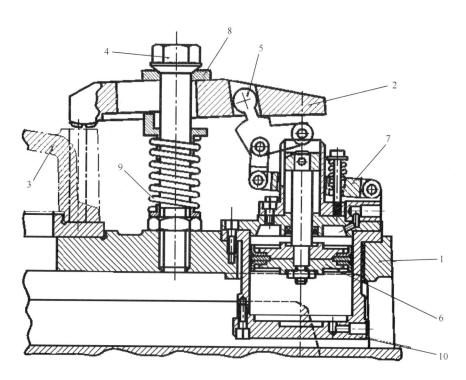

图 9-65　带动平夹钳的钻孔装置

1 夹具；2 夹紧手柄；3 工件；4 螺栓；5 转动杆；6 活塞；7 平衡手柄；8 垫片；
9 压缩弹簧；10 缸

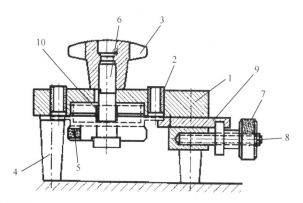

图 9-66　带定位板的钻孔装置

1 装置；2 钻套；3 十字手柄；4 底座；5 滚花螺母；6 拉杆；7 滚花螺母；8 螺柱；9 板-垫片；10 弹簧

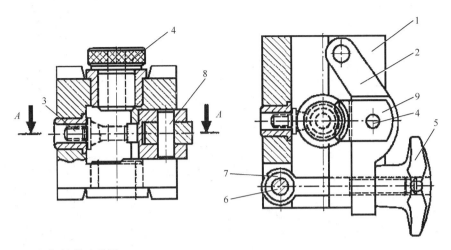

图 9-67 对吊环螺钉的钻孔装置

1 装置；2 钻套；3 轴套；4 工件；5 夹钳；6 十字手柄；7 轴套；8 销；9 螺栓

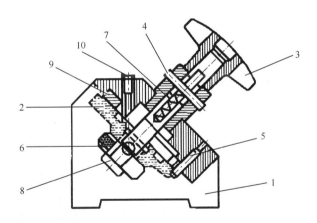

图 9-68 带夹紧螺栓的斜油孔的夹紧装置

1 夹具；2 工件；3 十字手柄；4 销；5 定心销；6 滚花螺母；7 弹簧；8 紧固螺栓；
9 架套；10 钻套

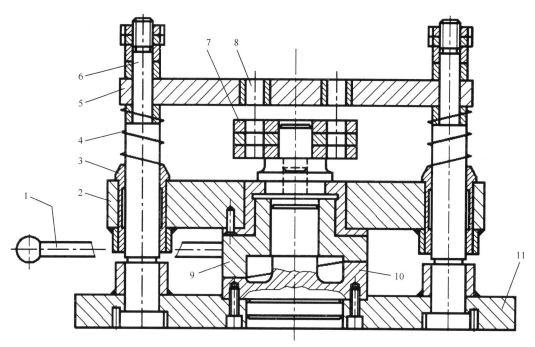

图 9-69 快速夹紧钻孔装置

1 夹紧手柄；2 升降板；3 导套；4 压缩弹簧；5 钻板；6 夹紧-导向柱；7 工件；8 钻套；9 夹紧凸轮；10 基础凸轮；11 底板

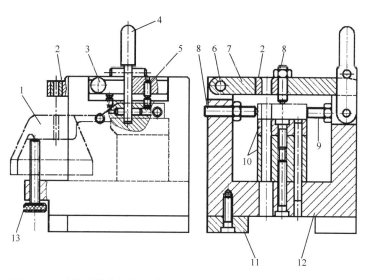

图 9-70 对铸造外壳的钻孔装置

1 工件；2 钻套；3 摆动阀瓣手柄；4 封闭塞；5 制动器；6 销；7 阀；8 压力弹簧块；9 带制动器止动销；10 工件支架；11 支架轨；12 基体；13 可调支架

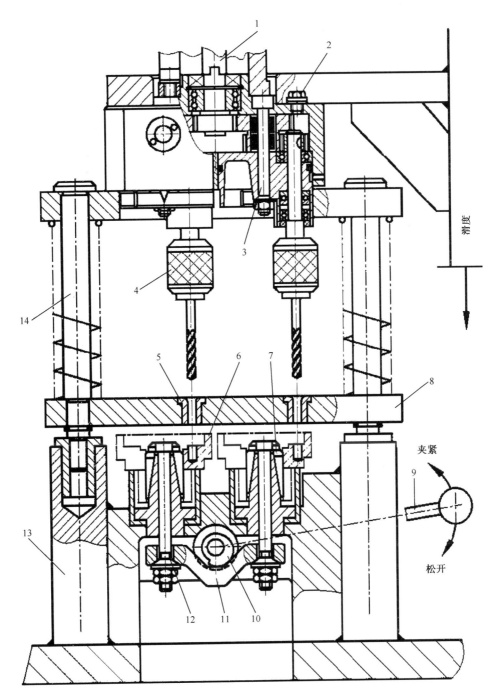

图 9-71　对各种工件的钻孔装置

1 钻轴驱动；2 注油孔；3 对齐用转轴；4 钻轴；5 轴套；6 工件；7 胀紧套；8 钻板；
9 夹紧手柄；10 偏心夹紧；11 夹紧和平衡摇臂；12 摆动盘；13 支架；14 导柱

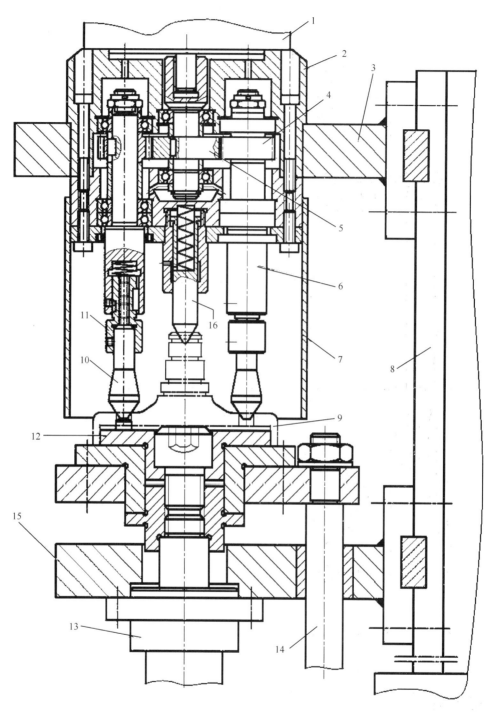

图 9-72　多孔下沉钻孔装置

1 驱动电机；2 多轴钻头；3 轴头支架；4 钻轴驱动轮；5 中心驱动轮；6 钻轴；
7 切屑防护；8 支架；9 工件；10 平底扩孔钻；11 平底扩孔钻支架；12 工件支架；
13 工作缸；14 工件支架引导；15 底板；16 工件弹簧逆止器

10 装配装置和拆卸装置

3D 图样和 22 个应用示例
2D 图样和 18 个应用示例

3D 设计总览

2D 设计总览

装配技术

在机械制造中，装配是使用自制件和外购件来制造具有一定功能的产品的必要活动。

装配规划

在设计过程中，装配已经开始。设计师应该确保零件设计满足以下需求：（1）可以简单且快速地组装；（2）可以根据需求再拆卸。例如，使用滚动轴承可以实现更快速地在阶梯轴上安装。为了保证装配质量，待安装零件应满足功能需求且表面光洁无毛刺。

装配方案

除了提供装配所需的说明图纸外，装配方案还应提供装配过程实施规定。
组成要素包括：
● 装配顺序
● 所需的夹具、刀具和辅助工具
● 测量和检测设备
● 组装规定时间
装配规划还包括在规定时间内在装配台上提供所有装配所需要的物品。

装配步骤

组件装配：在许多情况下可以有目的地首先将若干零件装配成组件。为了确保精确度和机器的可用性，在组件装配中要严格控制零件的相对位置，保证每个安装的零件装前去毛刺和清洁，使其能完成预定功能，保证装配质量。

装配作业的划分
从技术上讲装配可分为以下几个等级：

- 单装配工位上的手动装配
- 装配线上的手动装配
- 圆型或线型冲程机的自动装配机
- 自动同步或异步装配线
- 柔性半自动装配系统作为单元或者混合装配线（人与机器人共同工作）以及柔性的全自动装配作为单元或者装配线

总装

在总装中，单个组件将在成品机或成品设备上安装。为了检查或维修，在大型的机器中也会拆卸安装好的成品，这在改善运输条件方面也是需要的。和装配一样，拆卸也必须经过认真仔细的规划。

面向装配的设计

说明：
面向装配的设计是一个关于手动或自动化装配优化的产品设计，包括产品造型的设计。
主要目标是：

- 减少部件数量，比如通过整体部件来减少工序
- 减少所需连接件的数量
- 避免柔性件（比如缆线）
- 合同和客户相关的预组装件的建立
- 限制不同产品对小部件的影响
- 定位和对准辅助的补充（比如倒角）
- 避免调整

应用领域

面向装配的设计首先体现在设计阶段的构思过程中，因为这里需要确定产品主要装配相关的方面。然而，必须在产品说明和设计以及后期的加工过程中就重视装配问题。面向装配的设计应该与运输的优化和装卸作业同步进行。

拆卸技术

拆卸：拆解；根据 DIN 8591 为一种制造方法。
与装配技术相反，拆卸技术的目的是将一个复杂的系统拆分为子系统，如组件或单个部件。拆卸通常在组装之前。在所有需要将旧的东西改装成新的东西的地方，都可以通过拆卸创造出位置、空间或者条件。拆卸这个词是一个总称，它存在于不同的加工过程中。

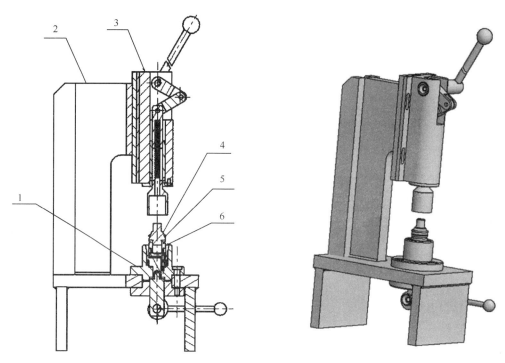

图 10-1 O 形圈装配装置

1 夹紧支承组装件；2 机架；3 推料机；4 工件；5 支承锥；6 O 形圈

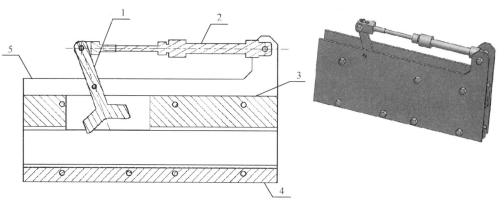

图 10-2 圆形件旋转分配器

1 分配器；2 压缩空气缸；3 弹簧带轨道的上轨道；4 弹簧带轨道的下轨道；5 底座

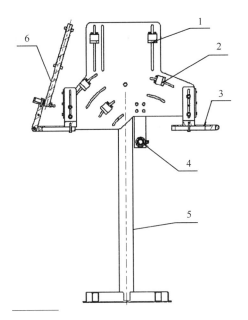
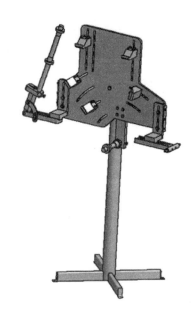

图 10-3　自行车架装配架

1 横梁支架；2 支架；3 后车轴支架；4 踏板轴支架；5 架；6 转轴支架

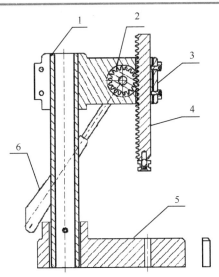
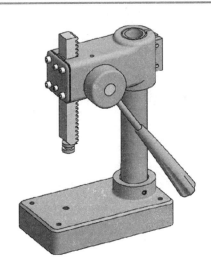

图 10-4　齿条-手动压力机

1 导柱；2 齿轮；3 端盖，齿条导向；4 齿条；5 机架；6 手柄

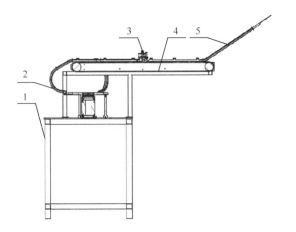
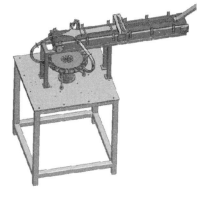

图 10-5　各种部件的带转接口的自动输送

1 床架；2 定位盘；3 分配闸；4 传送带；5 进料

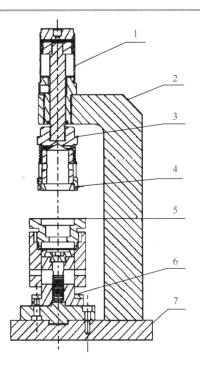
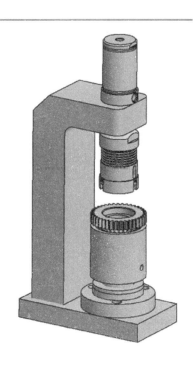

图 10-6　两个外轴承圈的装配装置

1 Festo 缸；2 架；3 内环推料机；4 内环；5 工件；6 定心件；7 基板

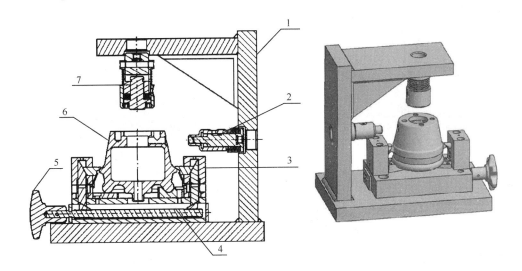

图 10-7　密封圈的带塞装配装置

1 机架；2 Festo 缸；3 支架；4 主轴；5 锁止轮；6 工件；7 推料密封圈

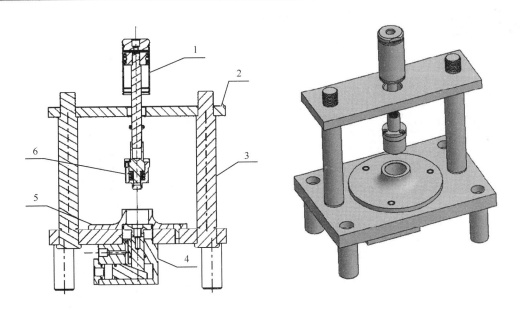

图 10-8　球轴承压入装置

1 Festo 缸；2 架；3 距离柱；4 止推器；5 工件；6 推料器

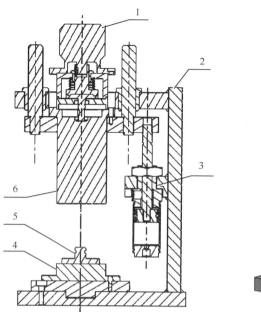
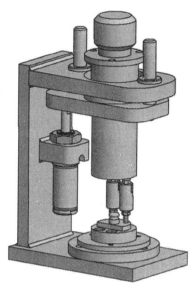

图 10-9 拧螺丝装置

1 发动机；2 架支承；3 Festo 缸支承；4 工件 1；5 工件 2；6 传动装置组件

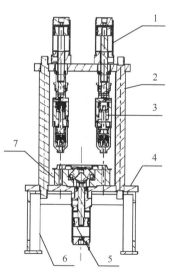
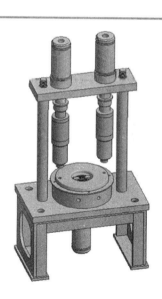

图 10-10 销钉取出装置

1 Festo 缸；2 支承架；3 顶出器的组件；4 架-基板；5 Festo 缸；6 机架；7 夹具

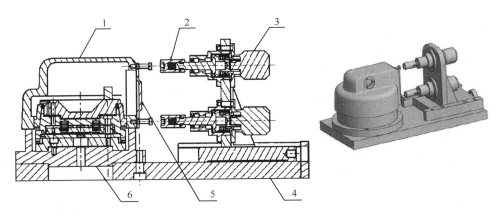

图 10-11 拧紧机

1 工件；2 螺丝套头；3 驱动；4 架板；5 工件；6 夹紧装置

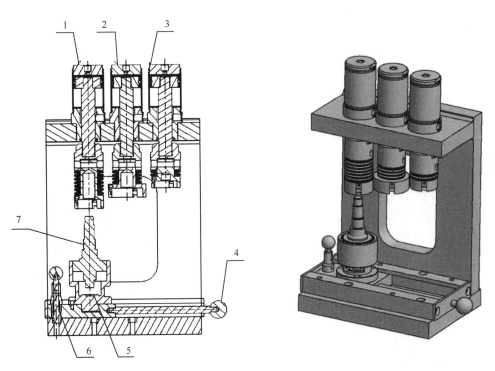

图 10-12 齿轮和球轴承压入装置

1 齿轮顶出器1；2 齿轮顶出器2；3 轴承顶出器；4 推动单元手柄；5 工件支架；6 定位销；7 工件

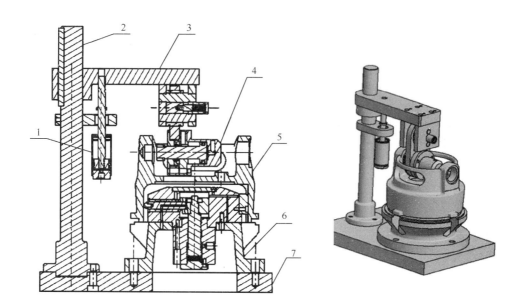

图 10-13　滑动轴承压入装置

1 Festo 缸 1；2 架柱；3 端板；4 浮动横向轴承；5 壳；6 夹具；7 基板

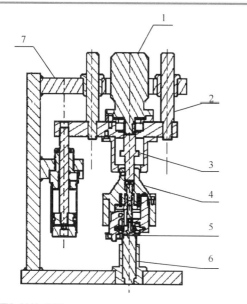

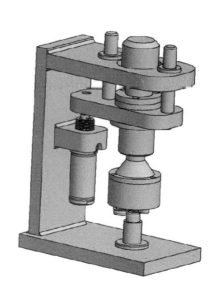

图 10-14　翻边装置

1 电机；2 架柱；3 传动轴；4 成型件外部；5 成型辊；6 工件；7 架

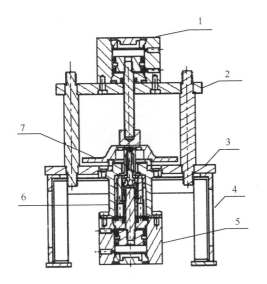
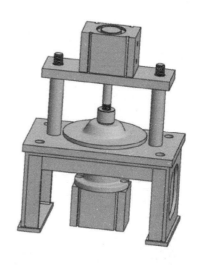

图 10-15　双工件拆卸装置

1 Festo 缸；2 顶板；3 基板；4 底架；5 Festo 缸；6 顶出器；7 工件

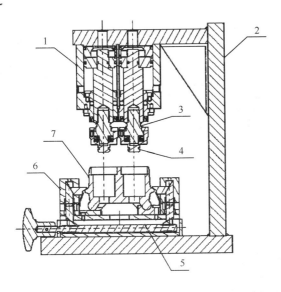
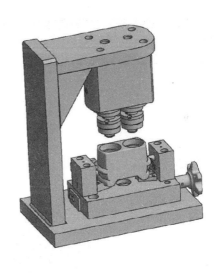

图 10-16　小中心距压紧装置

1 双缸；2 架；3 顶出器；4 球轴承支架；5 夹紧螺钉；6 夹具；7 工件

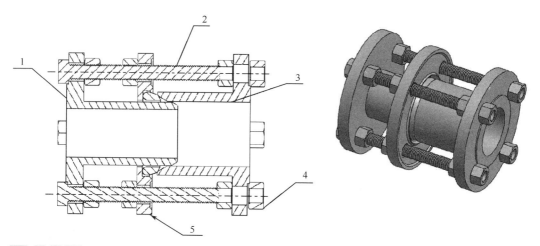

图 10-17　拆卸装置

1 法兰；2 螺纹轴；3 法兰；4 六角螺母；5 中间板

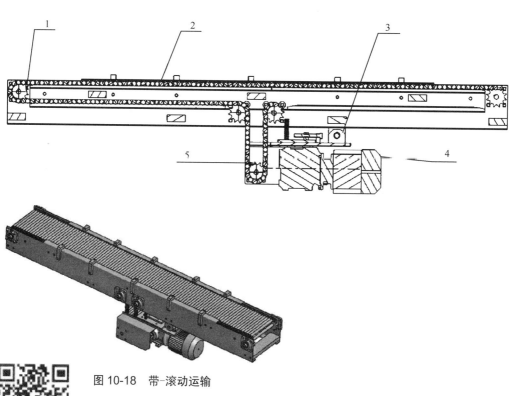

图 10-18　带-滚动运输

1 链导向辊；2 传送辊；3 发动机悬置；4 驱动电机；5 转向辊

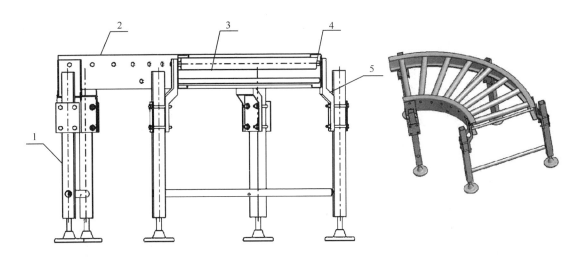

图 10-19　运输辊单元

1 可调节支脚；2 内滚动轴承；3 传送辊；4 轴承传送辊；5 外滚动轴承

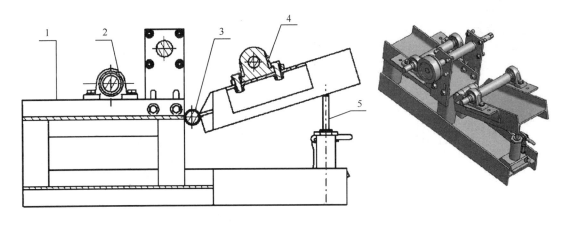

图 10-20　可调节输送单元

1 左工件导向；2 滚动轴承；3 轴承；4 滚动轴承；5 调整缸

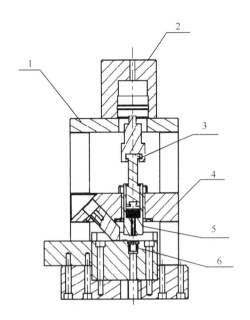
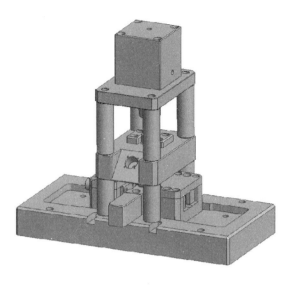

图 10-21　压入-铆接装置

1 顶板；2 气缸；3 冲头；4 中间板；5 工件支承；6 压入件

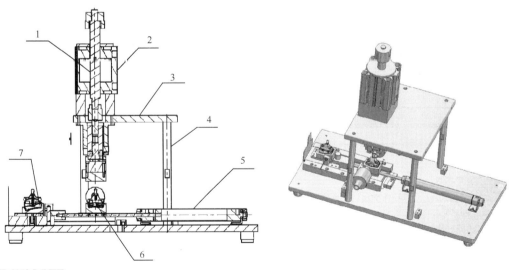

图 10-22　压入-铆接装置

1 缸轴；2 气缸；3 安装板；4 间距轴；5 气缸；6 未加工工件；7 加工后工件

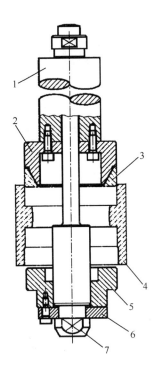

图 10-50　手动操作装配装置

1 液压压力缸；2 支承环；3 圆锥滚子轴承外圈；4 装配件；5 止推器；6 活动盘；7 升降杆

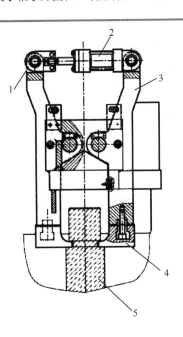

图 10-51　液压抓紧单元

1 联接凸缘；2 液压缸；3 活动手柄；4 抓钳；5 装配件

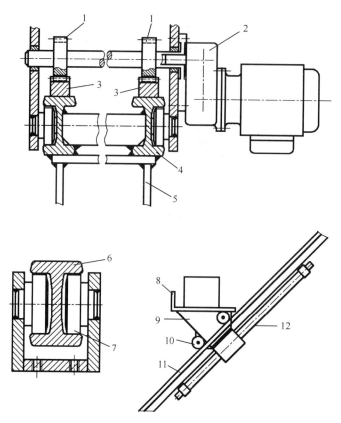

图 10-52　斜升降机

1 齿轮；2 变速箱；3 齿条；4 齿条滑轨；5 机架；6 滑轨；7 滑轨导向；8 装载台；9 起重小车；
10 滑轮；11 导向；12 工作缸

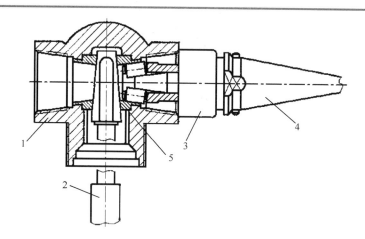

图 10-53　装配准备抛光工具

1 工件；2 支承芯；3 抛光工具；4 夹紧锥；5 轴承环

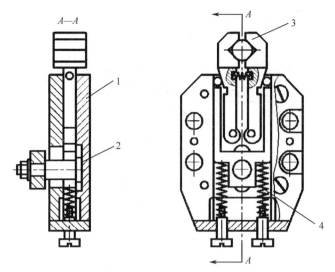

图 10-54　装配用抓钳

1 抓钳外壳；2 螺栓；3 夹钳；4 压缩弹簧

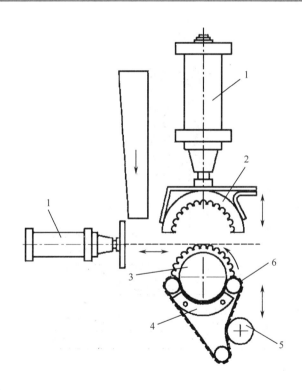

图 10-55　装配用定位

1 工作缸；2 基础件；3 接合件；4 转子；5 张紧轮；6 齿形皮带

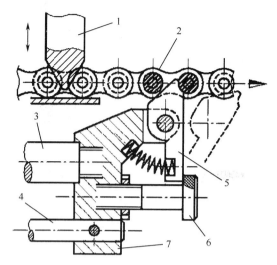

图 10-56　链传送带的进给和固定

1 固定螺钉；2 链传送带；3 进给单元导向；4 进给杆；5 棘爪；6 棘爪调节；7 进给头

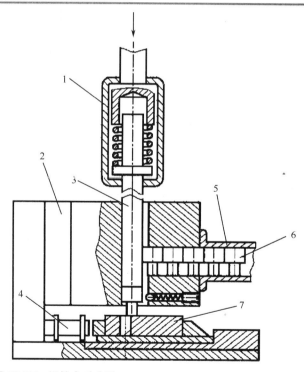

图 10-57　螺栓自动安装

1 压入冲头座；2 压入冲头导向；3 压入冲头；4 工作缸；5 联接部件匣；6 联接部件；
7 基座

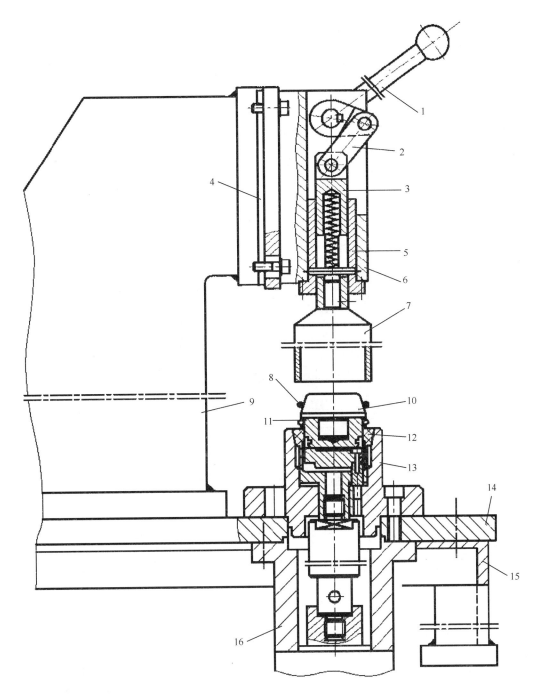

图 10-58 O 形环装配装置

1 手柄；2 曲柄连杆机构；3 刀具夹头；4 键；5 导套；6 挺杆导杆；7 安装套杆；
8 O 形圈；9 C-架，定子；10 支承锥；11 工件；12 夹紧钳；13 夹头支承；14 桌面；
15 基座；16 气缸

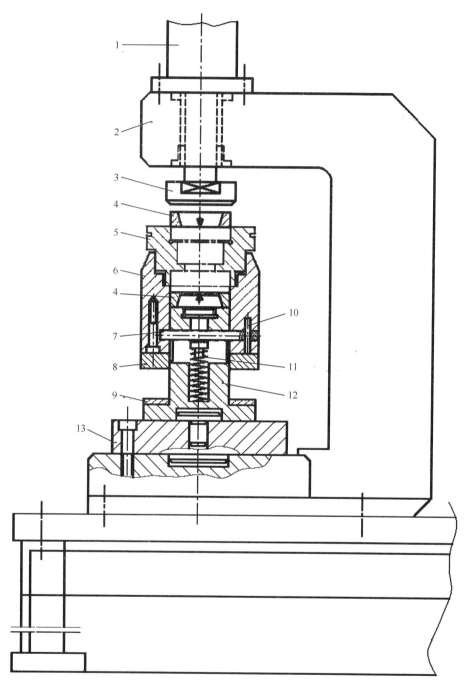

图 10-59　双轴承外圈装配

1 工作缸；2 支架；3 压入法兰；4 轴承外圈；5 工件；6 工件支承；7 销-止推器；
8 法兰；9 止推器；10 固定销；11 弹簧；12 工件支架定心；13 底板

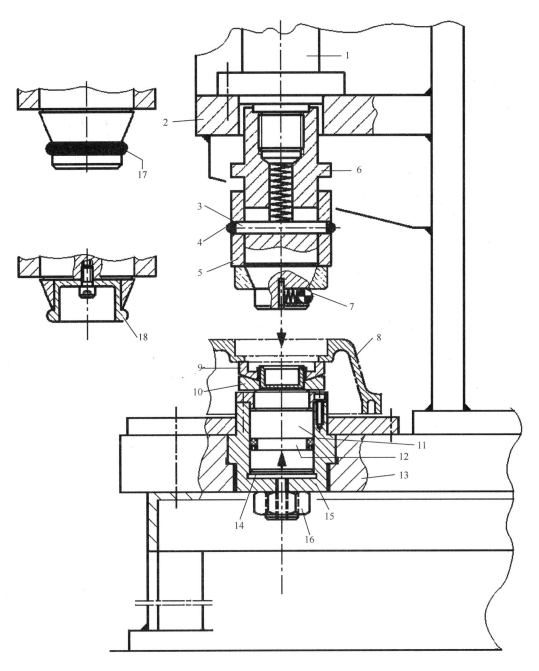

图 10-60　带液压支撑装备装置

1 工作缸；2 支架；3 销；4 销保护；5 压入冲头；6 冲头座；7 止动球；8 工件；9 摆动平衡；10 球面座盘；11 补偿活塞；12 密封圈；13 缸架；14 油室；15 缸；16 油口；17 O 形圈；18 压紧套筒

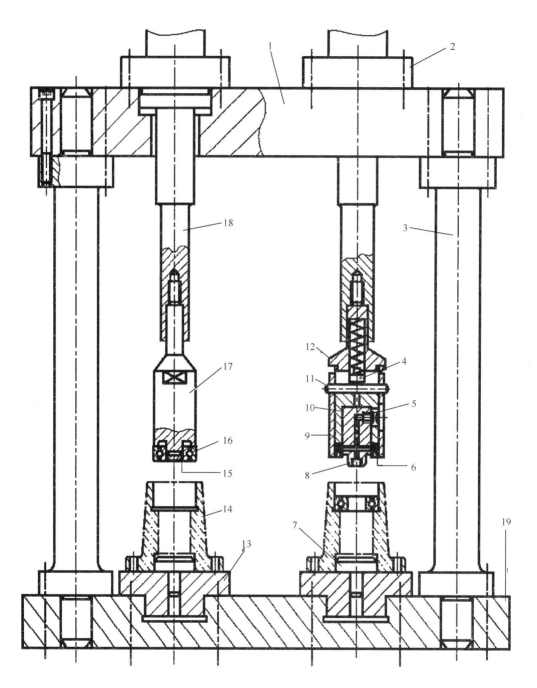

图 10-61　轴承组件装配装置

1 梁板；2 液压缸；3 柱；4 止推轴颈；5 压缩空气接口，用于接合件的保持；
6 接合件；7 固定轴颈；8 锁紧螺钉 ；9 套；10 内定心件；11 圆柱销；
12 止推轴颈；13 工件支承；14 装配件；15 O 形圈；16 接合件；17 接合件固定；
18 压力推杆；19 底板

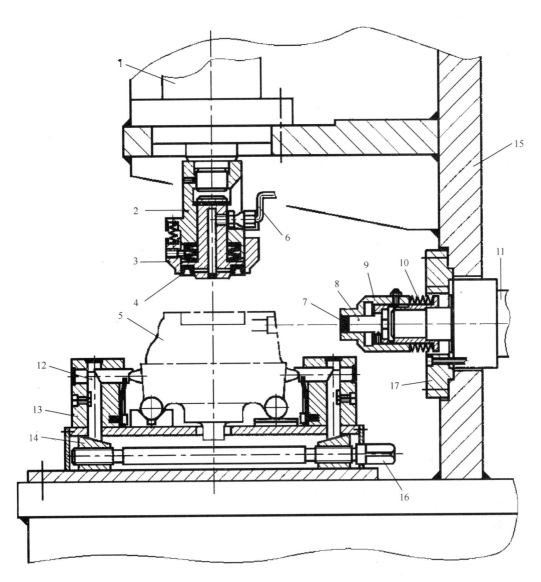

图 10-62 密封环和塞装配装置

1 工作缸；2 联接头；3 固定环；4 轴密封圈；5 工件；6 空气联接；7 装配件；
8 压入冲头；9 导套；10 盘形弹簧组；11 工作缸；12 楔形滑块；13 滑块导向；
14 楔形螺母；15 架；16 夹紧主轴；17 紧固凸缘

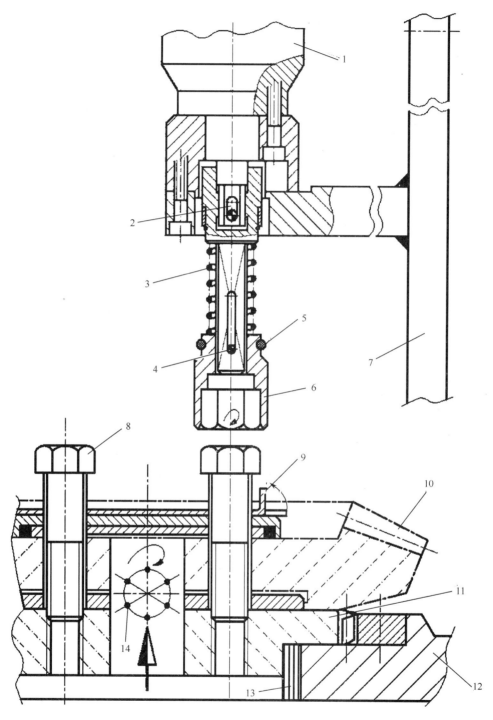

图 10-63　螺纹拧紧装置

1 变速箱；2 联接；3 压缩弹簧；4 销；5 弹簧垫圈；6 螺母；7 进给单元；8 旋入件；
9 锁定板；10 联接件；11 底座部分；12 圆冲程装置；13 塑料件；14 钻孔图

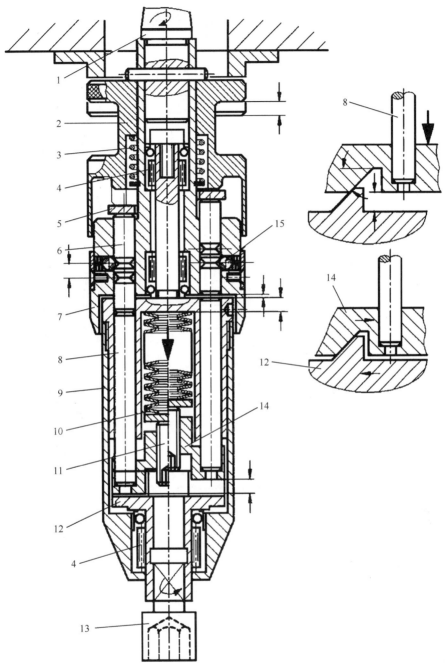

图 10-64 螺纹拧紧装置

1 传动主轴；2 固定头；3 压缩弹簧；4 滚动轴承；5 推力垫圈；6 同步推杆；
7 导向；8 上升推杆；9 外壳；10 盘形弹簧组；11 力矩调整螺栓；12 平面齿轮体；
13 螺母；14 同步板；15 定位球

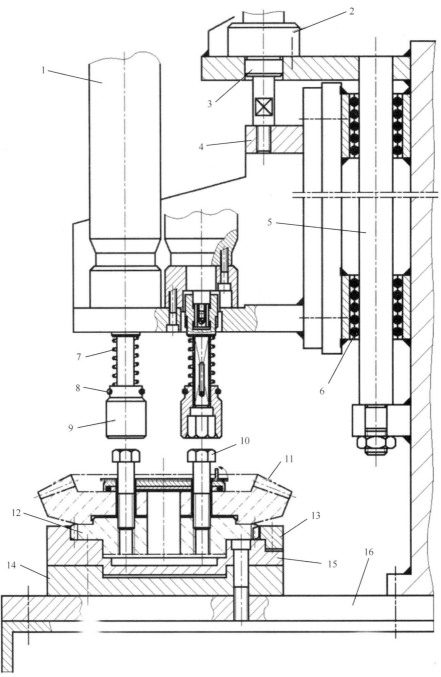

图 10-65　多倍螺纹装置

1 螺丝刀；2 工作缸；3 超载离合器；4 联接法兰；5 滑动导轨；6 滚珠衬套；
7 压缩弹簧；8 锁定环；9 扳手头部；10 六角螺栓；11 锥齿轮；12 直齿圆柱齿轮；
13 固定件；14 支承；15 基板；16 设备框架

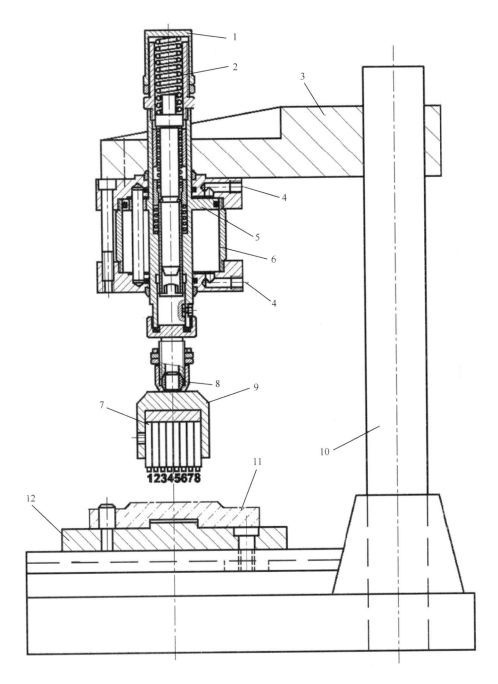

图 10-66 标记装置

1 盖板；2 压缩弹簧；3 法兰；4 气动联接；5 活塞；6 缸；7 字母冲头；8 摆锤；9 冲头固定；10 夹具架；11 工件；12 工件支承

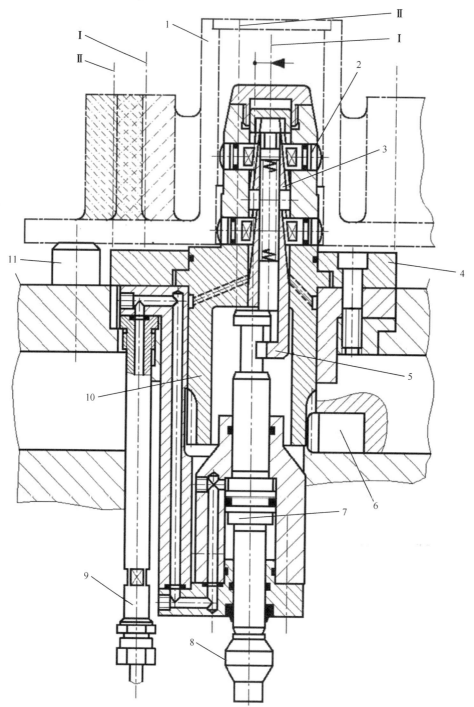

图 10-67　两个装配件支撑心轴

1 装配件；2 夹紧螺栓；3 夹紧楔；4 夹头轮导向；5 复位爪；6 齿条；7 活塞；
8 位置检测凸轮；9 液压供给；10 夹紧位置轴调整的啮齿；11 装配件支承

11 传动技术

3D 图样和 26 个应用示例

2D 图样和 26 个应用示例

3D 设计一览

2D 设计一览

传动机构是一种复杂的机械元件，它可以改变运动的路程、速度和加速度，其中力或者力矩的变化会起到决定性作用。通常需要改变的运动为旋转运动。

汽车中的变速箱和钟表中的齿轮组为齿轮传动，它是众多传动形式中的一种。

传动机构类型

传动机构和唯一的固定元件（即固定机架）叫作机械传动机构。有液体或气体的参与是流体传动机构或液压传动机构。其他种类还包括电气传动机构等。

机械传动机构分为以下几种：

● 齿轮传动机构

● 摩擦轮传动机构

● 锥齿轮传动机构

● 牵引机构

● 螺旋传动机构

- 耦合机构
- 凸轮或滚子传动

具有均匀传动比（用于旋转运动）的传动机构

这种机构主要应用于：
- 转速转换
- 转矩转换
- 转动惯量转换

传动机构主要通过联轴器将驱动装置（发动机）和被驱动机械部件相联接，根据不同的标准可划分如下：

根据结构形式

- 固定传动机构，转速比和扭矩变换不能改变
- 可调整传动装置，可分为分级传动机构和无级传动机构
- 变速器，可使转速和转矩分级换挡。这一功能也可以应用于（在机动车辆中使用）通过倒挡改变旋转方向
- 牵引驱动机构，参阅无级变速器（CVT）
- 链传动机构
- 带推力皮带的推力链传动机构
- 摩擦传动机构
- 滚动体传动机构
- 带传动机构（平带和 V 形带）
- 自动传动机构
- 功率分流传动机构，例如差速传动

闭式传动机构

齿轮传动机构
- 圆柱齿轮机构：输入和输出轴是平行的
- 行星齿轮机构：输入和输出轴同轴，行星轮环绕内齿轮，同时行星轮与齿圈啮合。属于直齿圆柱齿轮的特殊形式（如自行车上的轮毂变速器）
- 圆锥齿轮机构：输入和输出轴不平行（通常为 90°）。齿轮的外部轮廓（包络面）相对应圆锥体的中心轴线相交
- 冠状齿轮机构：与圆锥齿轮具有相同的构造和应用，但主动轮被设计成圆柱齿轮，而配对齿轮则制造成一端面具有齿的冠形，因而被称为冠状齿轮
- 螺旋齿轮机构：螺旋轴线自相交错。由于螺旋轴线是弯曲的，因此不存在交点
- 差速齿轮机构（也叫差动齿轮机构）：专用传动机构，主要应用于机动车
- 滑移齿轮机构：滑移齿轮中不同的传动比是通过滑键在齿轮轴上的轴向位移产生的
- 谐波齿轮机构（也叫摆轮传动机构）：属于行星齿轮传动机构。在谐波齿轮中，驱动元件通过一椭圆形柔性体产生持续变形。谐波齿轮具有相对大的减速比，可以显著减小转速或增大

转矩。此外，谐波齿轮不仅应用于机器人、设备和机器中，当需要显著减小转速或增大转矩时，它也广泛应用在航空航天中。其结构和作用形式几乎可以实现无间隙啮合。

动力啮合传动机构

摩擦传动
- 带传动机构（这里也包括动力啮合链传动）
- 锥环传动机构：输入和输出轴呈锥形，通过无级调整环几乎可以任意改变传动比
- 滚动体传动机构（也称摩擦轮传动机构）
- 辊环传动机构

液压传动

在液压传动（见流体传动）中，输入和输出端都没有机械联接（动力啮合传动机构）。输入端采用流体作为输出端的驱动介质。分为静液压传动和动液压传动。

气压传动

气压传动并不常见，然而，气动电机（线性或旋转）却常常被用于传动机构和机械装置的驱动。常见的有电气传动。通过电子控制系统切换电气阀，驱动气缸内的压缩空气，从而实现传动机构的换挡。

牙钻上的涡轮驱动可看作一种气压传动机构。由低转速旋转压缩机压缩空气，然后手持件上一个高转速的小涡轮轴开始运转。

闭式齿轮箱

闭式齿轮箱中不会有沙子或粉尘进入，这对于低磨损的要求是非常重要的。润滑方式采用脂润滑或封闭油路润滑。齿轮部分浸入油浴，通过运转后将润滑油喷洒并涂盖到其他齿轮上去，这对于简单传动装置的基本润滑来说已经足够了。齿轮箱的壳体还有助于降低噪声和提高安全性，例如汽车变速器和差速器。

凸轮装置

凸轮装置也是一种机械装置，通过它形成滚子的运动轨迹并传递给其他机构元件（如旋转的或者移动的）。在一侧形成轮廓轨迹，也就是说，滚子贴在凸轮轮廓上运动。

凸轮通过旋转或纵向位移将运动曲线传递给滚子。凸轮通常仅被制成圆形曲线体，通过平面凸轮的往复运动，实现滚子的来回运动。

凸轮传动机构被广泛应用于自动化中，来实现开关的操纵或复杂运动过程。最常见的应用是在内燃机中，凸轮装置（凸轮轴）用来控制阀门的开闭。其中滚子的上升也是常见的问题（气门颤动）。凸轮机构的合成大多与耦合机构的合成有关，它通常用来传递和改变滚子的运动。对于不同的优化目标有特定的凸轮曲线：
- 速度最优型
- 加速度最优型
- 力最优型
- 最小噪声型

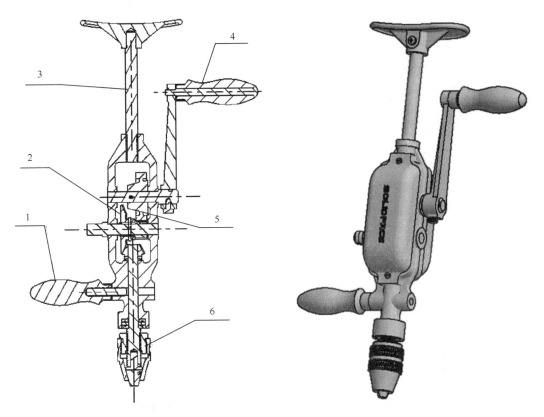

图 11-1　手工钻

1 手柄；2 锥齿轮；3 直臂手柄；4 摇柄；5 齿轮传动；6 夹头座

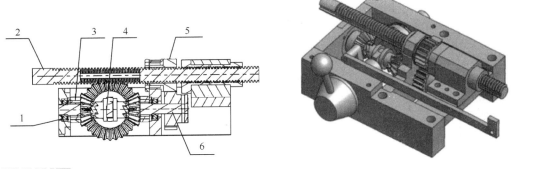

图 11-2　螺旋圆锥齿轮减速箱

1 球轴承；2 丝杠；3 锥齿轮；4 开关元件；5 齿轮传动；6 主轴

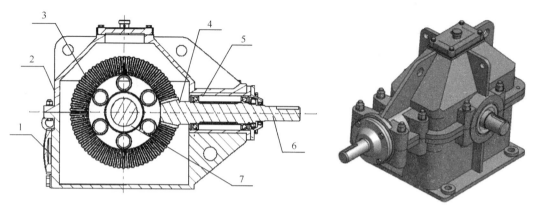

图 11-3　螺旋圆锥齿轮减速箱

1 下箱体；2 上箱体；3 锥齿轮；4 锥齿轮轴；5 轴-球轴承；6 输入轴；7 输出轴

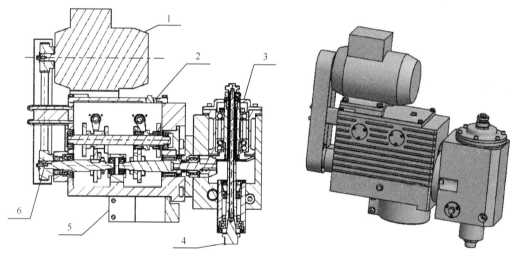

图 11-4　台式铣床-主轴驱动

1 驱动电机；2 箱体；3 主轴箱；4 主轴头；5 主轴驱动固定；6 传动轴

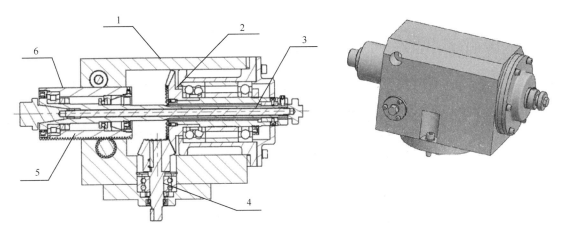

图 11-5 切削机床-主轴驱动

1 主轴箱；2 锥齿轮啮合装置；3 主轴；4 带有锥齿轮的传动轴；5 主轴进给齿轮；
6 顶尖套筒（刀架）

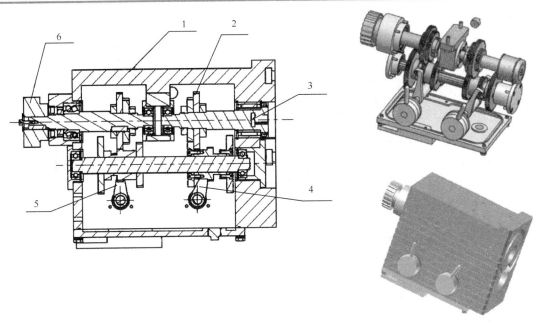

图 11-6 切削机床-主轴驱动

1 主轴箱；2 齿轮组件；3 主轴驱动；4 变速换挡器；5 变速换挡器；6 电机驱动

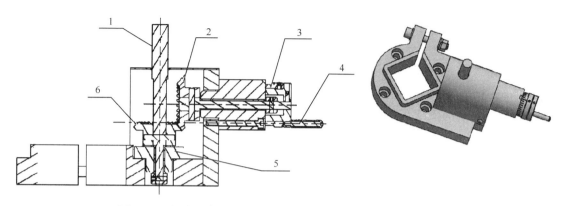

图 11-7　锥齿轮传动主轴

1 主轴；2 直齿圆锥齿轮；3 手轮；4 手轮柄；5 主轴支承；6 主轴从动销

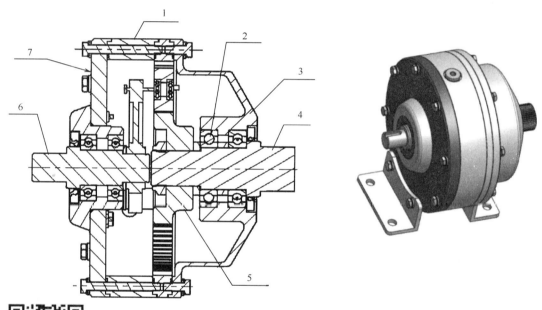

图 11-8　行星齿轮

1 法兰；2 轴承；3 箱体；4 输入轴；5 齿轮；6 输出轴；7 端盖

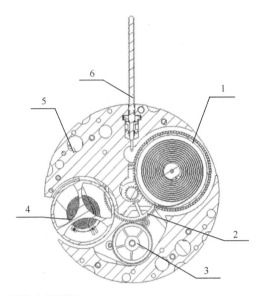

图 11-9 腕表机芯

1 活动套筒；2 中间齿轮；3 齿轮；4 平衡稳定器；5 底板；6 调整轮

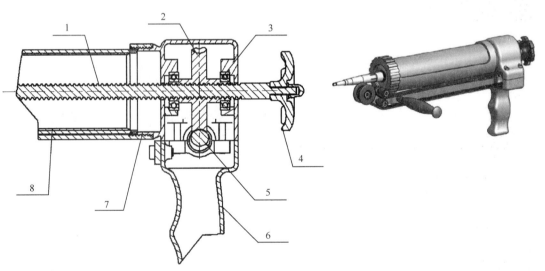

图 11-10 蜗轮-定量驱动

1 进给主轴；2 齿轮；3 球轴承；4 手轮；5 蜗轮；6 手柄；7 齿形皮带；8 圆筒

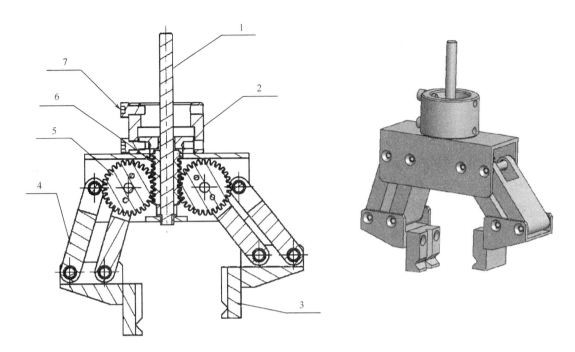

图 11-11　蜗轮驱动机械手

1 蜗杆；2 套筒；3 爪；4 连杆；5 蜗轮； 6 定位齿轮套；7 六角螺栓

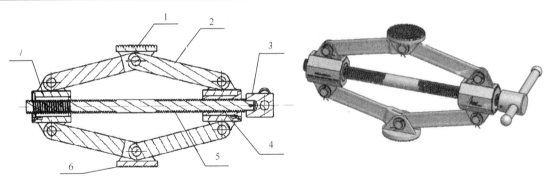

图 11-12　千斤顶

1 支承板；2 回行杠杆；3 手柄；4 左旋丝杠；5 左旋和右旋螺纹主轴；6 底座；
7 右旋丝杠

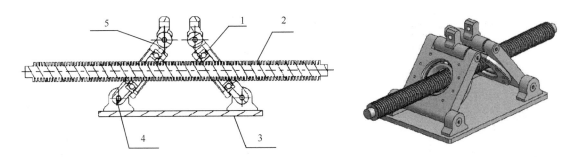

图 11-13　主轴支承

1 球轴承；2 梯形丝杠；3 底座；4 球轴承支点；5 球轴承

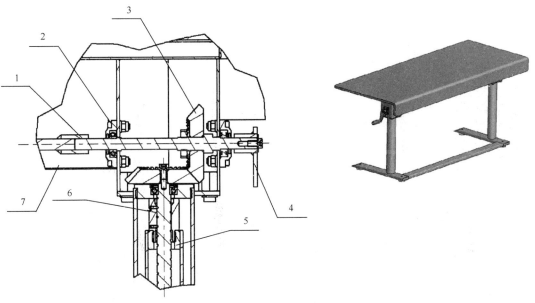

图 11-14　高度可调的桌板

1 联轴器；2 轴承座；3 锥齿轮；4 高度调节杆；5 高度调节装置（主轴螺母）；6 主轴；7 桌板

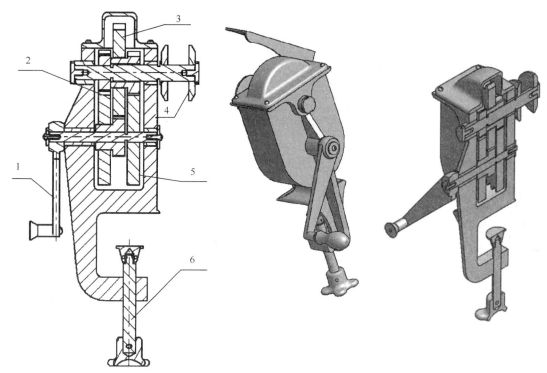

图 11-15　手动传动装置

1 手柄驱动轴；2 一级传动；3 二级传动；4 输出轴；5 三级传动；6 紧固螺栓

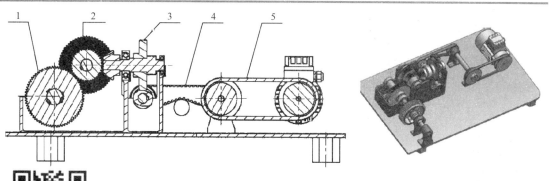

图 11-16　传动组

1 齿轮；2 锥齿轮；3 蜗轮；4 齿形皮带；5 V 形皮带

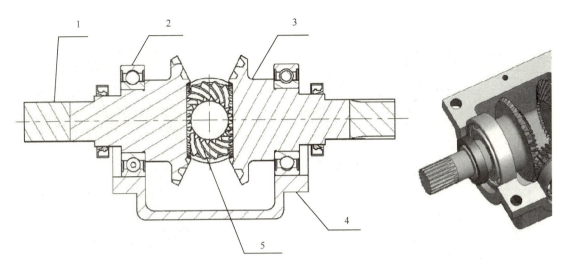

图 11-17 锥齿轮传动

1 锥齿轮；2 球轴承；3 锥齿轮；4 箱体；5 驱动锥齿轮

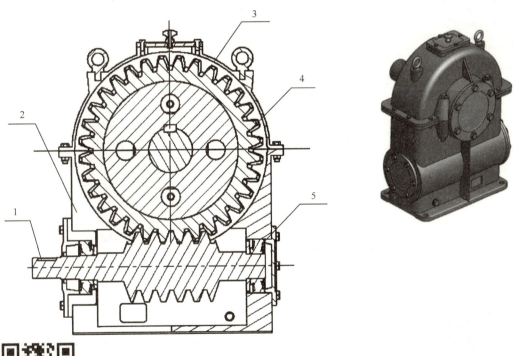

图 11-18 蜗轮蜗杆传动装置

1 蜗杆；2 下箱体；3 上箱体；4 蜗轮；5 蜗杆球轴承

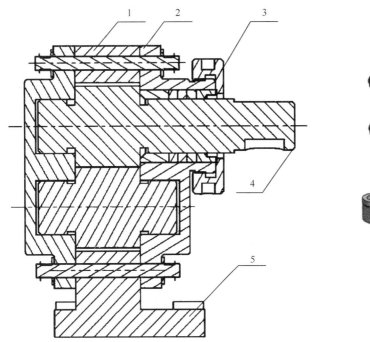
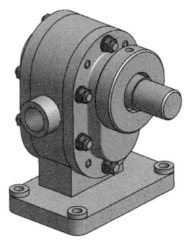

图 11-19　齿轮泵

1 左半箱体；2 挡块；3 右半箱体；4 定位环；5 安装底座

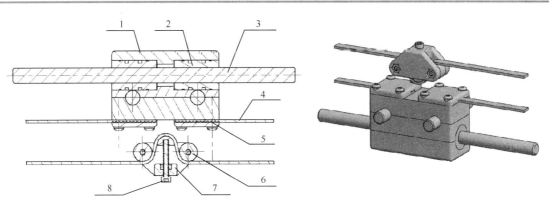

图 11-20　齿形皮带驱动

1 箱体；2 滚珠导轨；3 导向轴；4 同步带；5 齿形皮带紧固件；6 偏转辊 7 锁紧元件；8 紧固螺钉

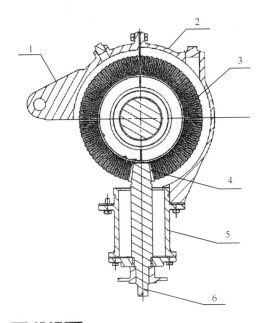

图 11-21　齿轮减速器

1 机箱紧固件；2 箱体；3 锥齿轮；4 锥齿轮；5 轴承外壳；6 轴

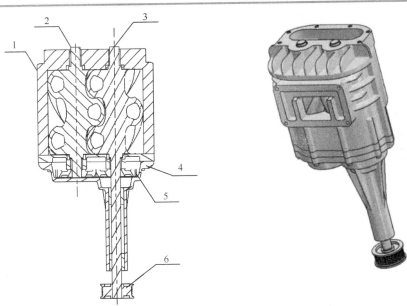

图 11-22　活塞式压缩机

1 箱体；2 轴承；3 轴承；4 箱盖；5 齿轮；6 齿轮

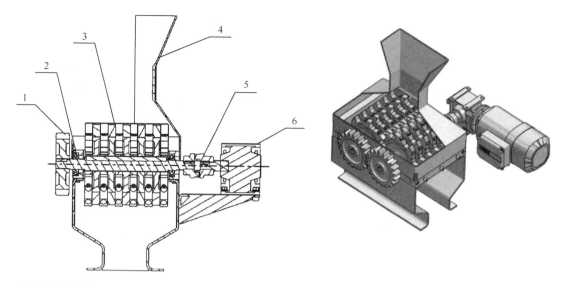

图 11-23　碎纸机-粉碎设备

1 转换器；2 轴承；3 粉碎刀片；4 料斗；5 联轴器；6 驱动电机

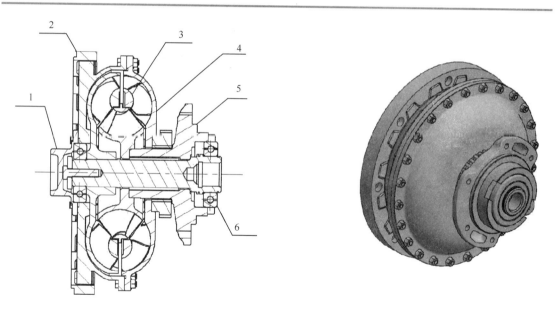

图 11-24　变矩器

1+2 箱盖；3 涡轮；4 左半箱体；5 定位法兰；6 球轴承

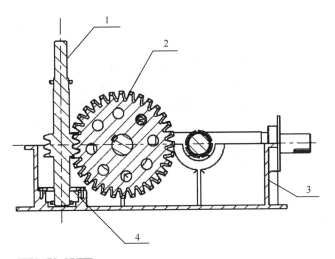

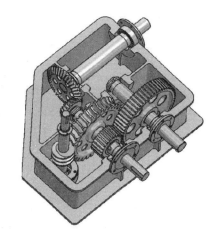

图 11-25　车速表-齿轮减速器

1 蜗杆；2 蜗轮；3 箱体内壁；4 蜗杆轴承

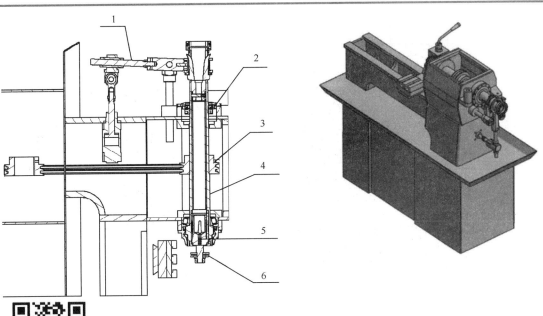

图 11-26　车床主轴轴承

1 夹紧杆；2 主轴轴承；3 V 带轮；4 主轴；5 夹头架；6 组合工作铣刀（2 个）

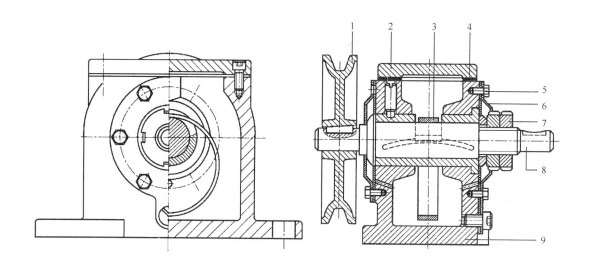

图 11-50　带油环的变速箱

1 V 带轮；2 箱盖；3 油环；4 密封圈；5 六角螺栓；6 挡油盘；7 锁紧螺母；8 轴；
9 箱体

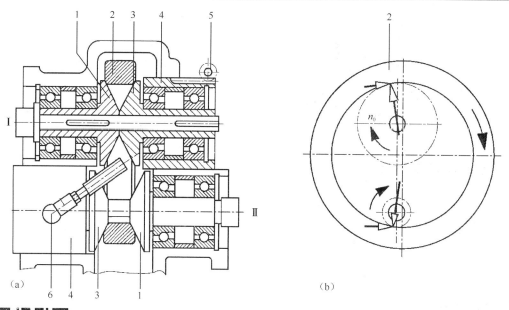

图 11-51　摩擦轮传动装置

1 固定 V 形块；2 摩擦环；3 可动 V 形块；4 滑套；5 调整小齿轮；6 张紧装置

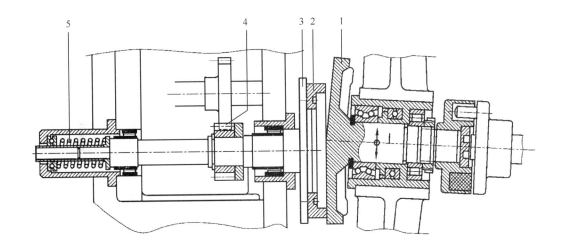

图 11-52　带摩擦环的摩擦轮

1 驱动塞；2 带有平整弹性工作面的摩擦环；3 驱动轮；4 斜齿圆柱齿轮组；5 压力弹簧

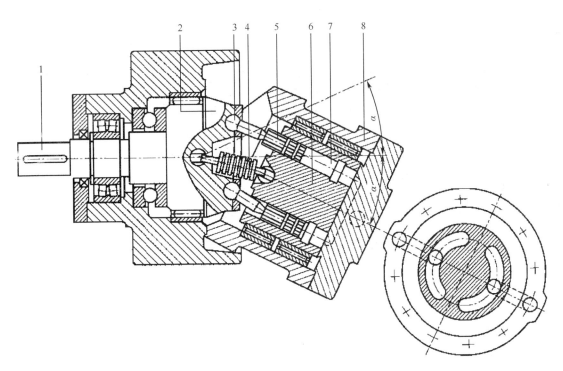

图 11-53　轴向活塞泵

1 驱动轴；2 驱动法兰；3 活塞杆；4 驱动万向节；5 活塞；6 缸体；7 气缸；8 旋转控制体

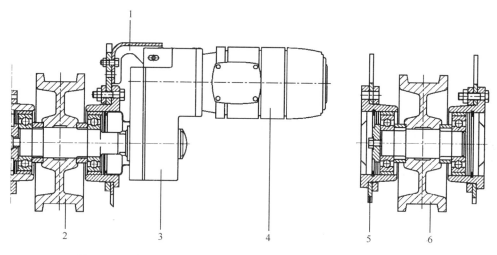

图 11-54　输送机部件

1 扭矩支承；2 驱动齿轮；3 减速器；4 电机；5 联接结构；6 非从动轮

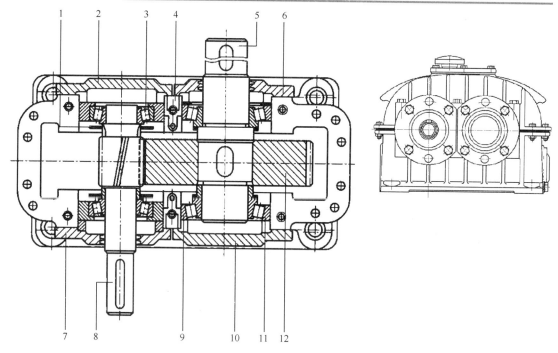

图 11-55　圆柱齿轮传动

1 防油防尘板；2 轴承端盖；3 圆锥滚子轴承；4 刮油环；5 轴；6 轴承端盖；
7 轴承端盖；8 斜齿轮轴；9 圆锥滚子轴承；10 轴承端盖；11 圆锥滚子轴承；
12 斜齿轮

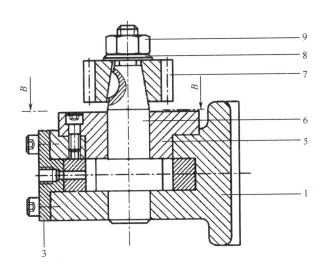
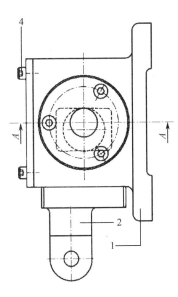

图 11-56 偏心轮驱动

1 变速箱；2 导板；3 端盖；4 内六角螺栓；5 凸缘轴承；6 偏心轮；7 主动小齿轮；
8 垫圈；9 六角螺母

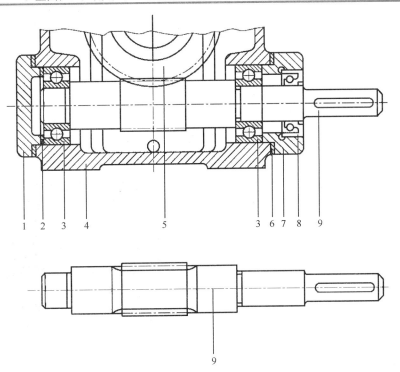

图 11-57 蜗轮蜗杆机构

1 左端盖；2 调整垫圈；3 球轴承；4 箱体；5 蜗轮；6 密封圈；7 右端盖；8 密封环；
9 蜗杆

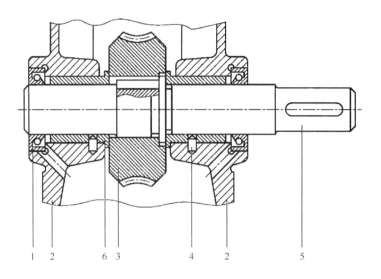

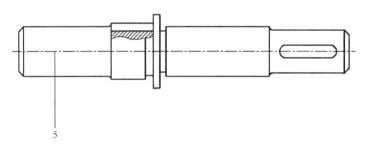

图 11-58　蜗轮蜗杆机构

1 密封环；2 箱体；3 蜗轮；4 圆柱销；5 驱动轴；6 轴套

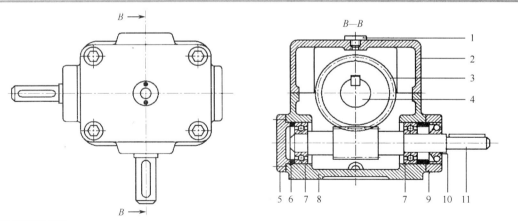

图 11-59　蜗轮蜗杆机构

1 油位计；2 外罩箱体；3 蜗轮；4 蜗杆；5 轴承端盖；6 垫片；7 球轴承；8 下箱体；
9 轴承端盖；10 轴密封圈；11 蜗杆轴

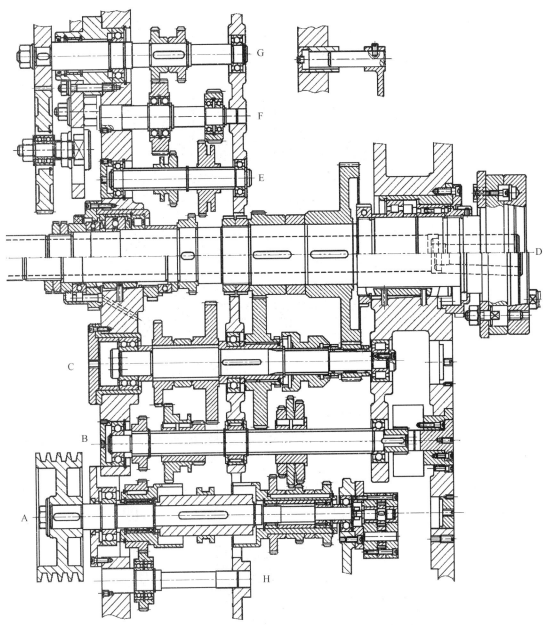

图 11-60　主轴箱

A 输入轴；B 传递轴；C 换挡轴；D 主轴；E 传递轴；F 中间轴；G 换挡轴；H 输出轴

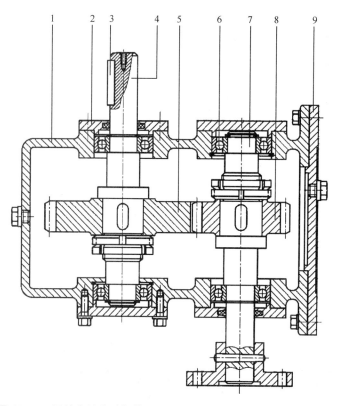

图 11-61　圆柱齿轮传动机构

1 箱体；2 端盖；3 键槽；4 输入轴；5 大齿轮；6 深沟球轴承；7 输出轴；8 小齿轮；9 底座

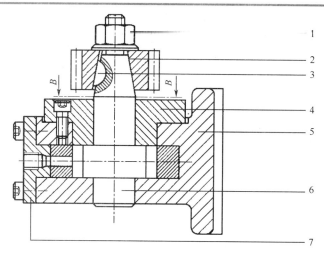

图 11-62　偏心轮传动机构

1 六角螺母；2 小齿轮；3 盘形键；4 法兰轴承；5 箱体；6 偏心轴；7 端盖

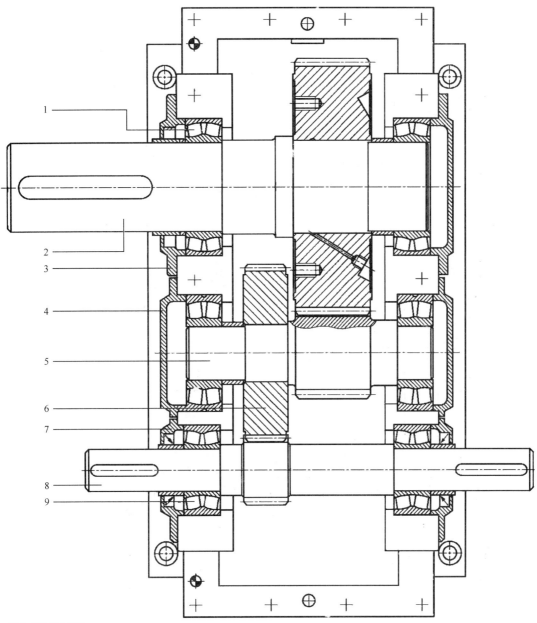

图 11-63　两级圆柱齿轮传动机构

1 深沟球轴承；2 输入轴；3 端盖；4 端盖；5 中间轴；6 圆柱齿轮；7 端盖；
8 输出轴；9 深沟球轴承

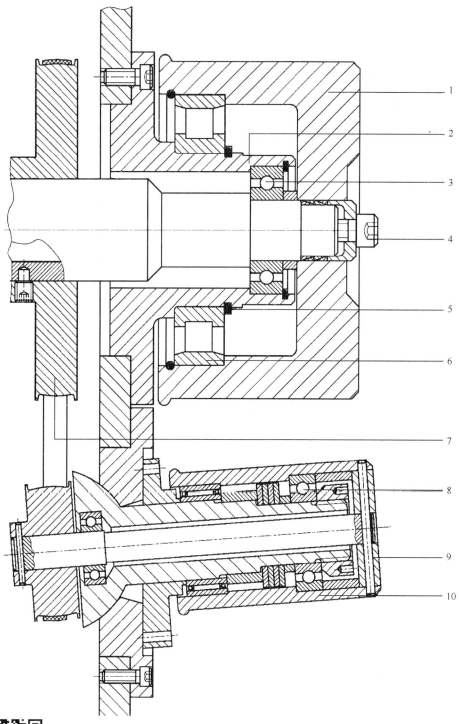

图 11-64　带传动机构

1 箱体；2 法兰；3 深沟球轴承；4 内六角螺栓；5 锁紧圈；6 定位圈；7 皮带轮；
8 深沟球轴承；9 端盖；10 外圈

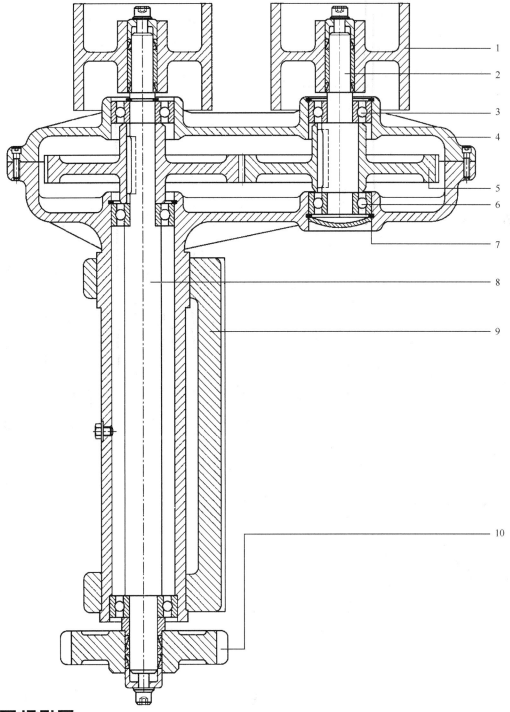

图 11-65　带有延长段的圆柱齿轮传动机构

1 皮带轮；2 轴；3 深沟球轴承；4 箱体；5 圆柱齿轮；6 球轴承；7 锁紧环；8 主轴；
9 齿轮附件；10 驱动圆柱齿轮

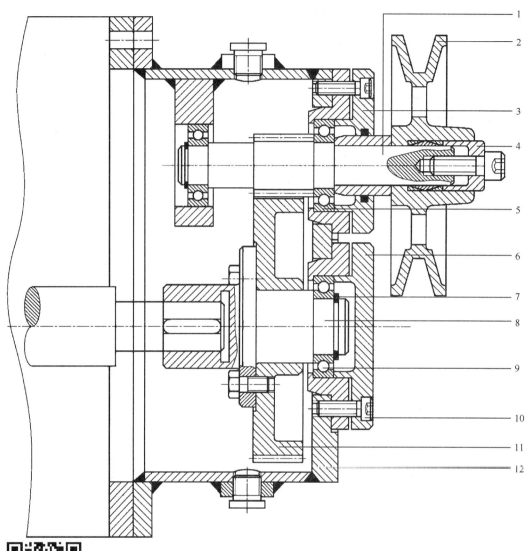

图 11-66　圆柱齿轮法兰盘传动机构

1 输入轴；2 皮带轮；3 端盖；4 夹紧套筒；5 深沟球轴承；6 端盖；7 锁紧环；
8 输出轴；9 深沟球轴承；10 内六角螺栓；11 直齿圆柱齿轮；12 箱体

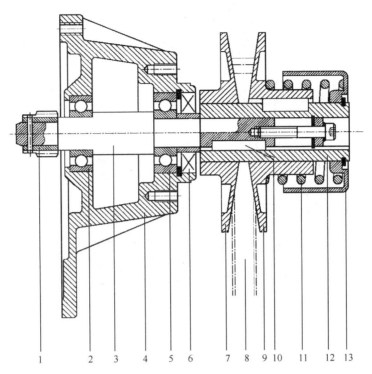

图 11-67　V 带传动机构

1 小齿轮；2 深沟球轴承；3 驱动轴；4 箱体；5 深沟球轴承；6 轴密封圈；
7 固定锥轮；8 V 带；9 可动锥轮；10 滑键；11 压簧；12 轴瓦；13 闭合端盖

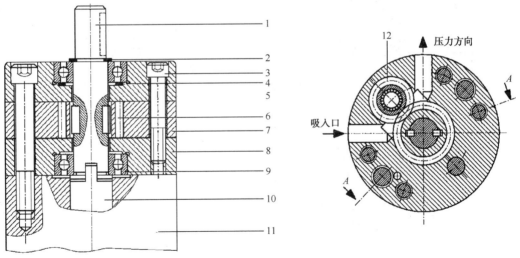

图 11-68　齿轮泵

1 输入轴；2 锁紧环；3 内六角螺栓；4 锁紧环；5 上托板；6 内齿轮；7 齿圈；
8 中间板；9 深沟球轴承；10 输出轴；11 基体；12 外齿轮

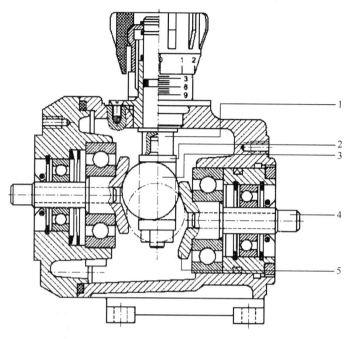

图 11-69 无级变速牵引机构

1 轴；2 滑块；3 球；4 驱动轴；5 空心球形垫圈

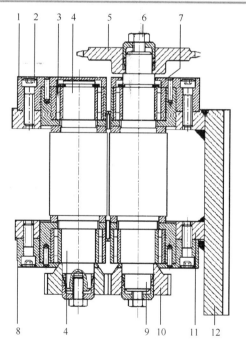
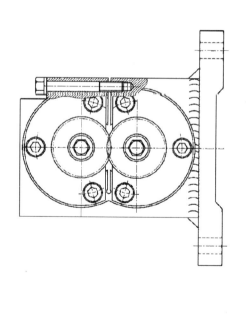

图 11-70 轧制设备

1 端盖；2 内六角螺栓；3 滚针轴承；4 输出轴；5 链轮；6 六角螺栓；7 锁紧环；
8 端盖；9 输出轴；10 直齿圆柱齿轮；11 箱体；12 底板

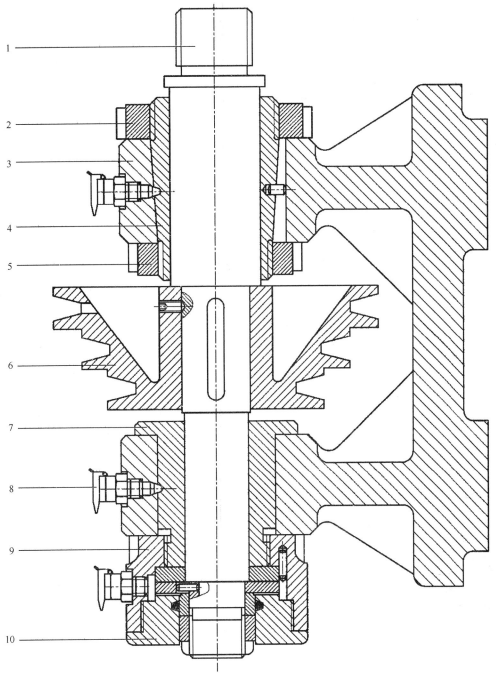

图 11-71 主轴支承

1 主轴；2 锁紧螺母；3 主轴箱体；4 轴瓦；5 锁紧螺母；6 皮带轮；7 轴瓦；8 油嘴；
9 垫块；10 孔螺母

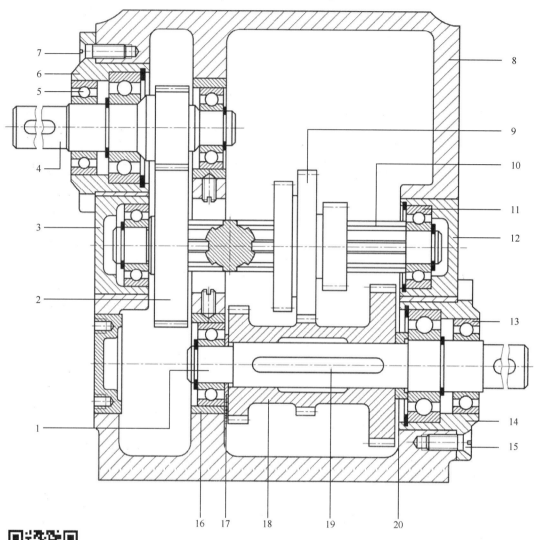

图 11-72　三挡传动机构

1 输入轴；2 直齿圆柱齿轮；3 端盖；4 输入轴；5 深沟球轴承；6 端盖；7 沉头螺钉；
8 齿轮箱；9 滑动齿轮组；10 花键轴；11 深沟球轴承；12 端盖；13 深沟球轴承；
14 端盖；15 沉头螺钉；16 球轴承外圈；17 垫圈；18 圆柱齿轮组；19 滑键；20 垫圈

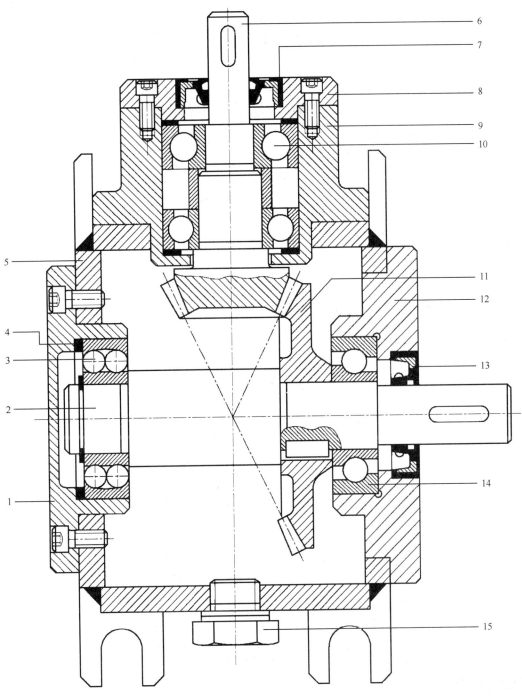

图 11-73 锥齿轮传动机构

1 左端盖；2 冠齿轮轴；3 浮动轴承；4 调整垫片；5 箱体；6 驱动轴；7 轴密封圈；
8 上盖板；9 球轴承支座；10 圆锥滚子轴承；11 盘形齿轮；12 右端盖；13 轴密封圈；
14 圆锥滚子轴承；15 锁紧螺钉

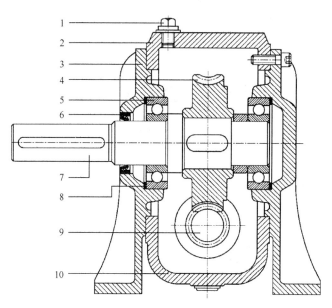

图 11-74　蜗轮传动机构

1 注油塞；2 顶盖；3 箱体；4 蜗轮；5 深沟球轴承；6 密封圈；7 输出轴；8 锁紧环；9 蜗杆；10 下端盖

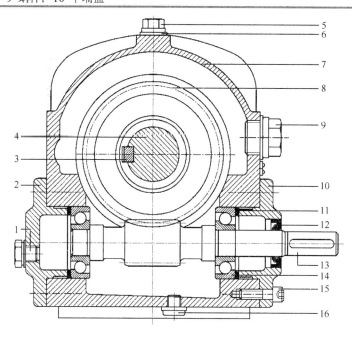

图 11-75　蜗轮传动机构

1 螺旋塞；2 左轴承盖；3 键；4 蜗轮轴；5 通气螺钉；6 密封圈；7 箱体；8 蜗轮；9 锁紧螺钉；10 右轴承盖；11 调整垫圈；12 密封圈；13 蜗杆轴；14 角接触球轴承；15 内六角螺栓；16 锁紧螺钉

12 联轴器

3D 图样和 28 个应用示例
2D 图样和 10 个应用示例

3D 设计一览

2D 设计一览

接下来我们看一下一些重要的联轴器以及它们的特点。

爪式联轴器

- 电器、机械和化学隔离
- 超过最大转矩时联轴器会打滑

备注

- 通过啮合部分传递扭矩（比如键槽）
- 在内壁与磁盘之间存在间隙
- 扭矩与间隙宽度成反比关系

万向节（万向接头）

优点：

- 扭转刚性：角弹性
- 同心度误差补偿（无径向和轴向偏差，大的角度误差补偿：最大 20°）

缺点：

- 大磨损
- 只在角度为 0° 的时候，旋转和扭矩（万向节轴转动角）的均匀传输
- 适合较小的扭矩传输
- 适用于小于 1000r/min 的低转速传输

十字轴万向节（双轴联轴器）

优点：

- 扭转刚性：角弹性
- 同心度误差补偿（无径向和轴向偏差，大的角度误差补偿：最大 20°）
- 旋转和扭矩（无万向节轴转动角）的均匀传输

缺点：

- 大的磨损
- 只适用于低转速

带长度补偿的万向轴

优点：

- 扭转刚性：角弹性、纵向弹性
- 同心度误差补偿（无径向和轴向偏差，大的角度误差补偿：最大 20°）
- 旋转和扭矩（无万向节轴转动角）的均匀传输
- 长度补偿

缺点：

- 大的磨损
- 只适用于低转速
- 运行噪声

施密特联轴器

优点：

- 扭转刚性：横向弹性
- 可变的和大的径向偏差
- 同心度误差补偿（大的径向偏差，无轴向偏差、无角度误差补偿）
- 绝对同步
- 无反作用力：无须额外的由径向偏差引起的轴承负荷
- 更多的选择可能
- 高扭矩传递
- 大的弹簧刚度

缺点：

- 大的磨损

柱销联轴器

优点：

- 扭转弹性：角度弹性、横向弹性、纵向弹性
- 同心度误差补偿（径向偏差、轴向偏差，无角度误差）
- 极端冲击载荷和大的扭转振动的减弱
- 高扭矩传动（重型驱动）
- 扭转弹性联轴器
- 提高在亚临界范围内的系统固有频率
- 可更换的阻尼器和螺栓

缺点：

- 大的结构体积

扭转弹性爪式联轴器

优点：

- 扭转弹性：角度弹性、横向弹性、纵向弹性
- 同心度误差补偿（小径向偏移、小的轴向偏移、小角度误差）
- 冲击和振动减弱
- 在某些型号之间弹性离合器组件是可以互换的

手握离合器

（WK-PG. 制造商 瓦尔特 弗兰德）

优点：

- 扭转弹性大（回转弹性、切向弹性、轴向弹性）
- 同心度误差补偿（径向偏差、轴向偏差、大的扭转偏差）
- 减振
- 由钚（PU）或氯丁橡胶制成密封圈
- 扭矩范围较小
- 耐潮，且不易受油和润滑剂影响
- 通过密封圈破裂进行过载保护
- 离合器价格合理

链条联轴器（双工链）

优点：

- 扭转弹性大（回转弹性、切向弹性、轴向弹性）
- 同心度误差补偿（小的径向偏移、小的轴向偏差、小的角度误差）
- 弹性扭矩传递
- 耐潮，且不易受油和润滑剂影响
- 温度范围：$-30\sim+220℃$

缺点：

- 通过松开链节实现拆卸

弹性爪式联轴器

优点：

- 扭转弹性大（回转弹性、切向弹性、轴向弹性）
- 同心度误差补偿（小的径向偏移、小的轴向偏差、小的角度误差）
- 弹性的传递扭矩
- 减振
- 用不同的硬度阻尼器
- 耐油的阻尼器

缺点：

● 装配昂贵

高弹性联轴器

优点：

● 扭转弹性大（回转弹性、切向弹性、轴向弹性）

● 同心度误差补偿（小的径向偏移、小的轴向偏差、小的角度误差）

● 弹性的传递扭矩

● 优异的化学性能，耐酸、碱、溶剂、油脂类

● 减振

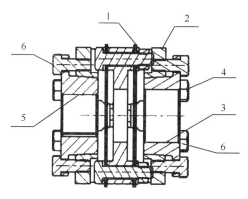
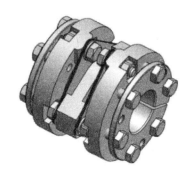

图 12-1　高弹力膜片式离合器

1 钢摩擦片组；2 张紧轮；3 输入轴套管；4 螺钉组；5 输出轴；6 密配螺栓

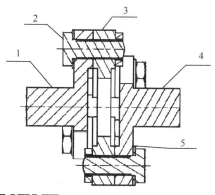

图 12-2　弹性联轴器

1 输入轴套管；2 螺钉组；3 中间体；4 输出轴；5 垫圈

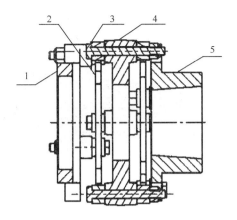

图 12-3　双弹性联轴器

1 外凸缘；2 插片；3 六角螺栓；4 中间法兰盘；5 轴套管

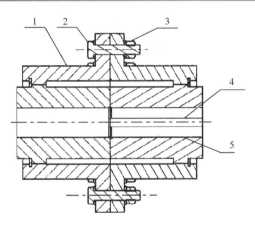
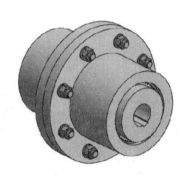

图 12-4　螺栓连接轴

1 轴法兰；2 六角螺栓；3 六角螺母；4 滑动槽；5 法兰

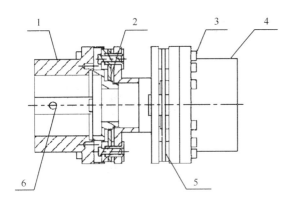
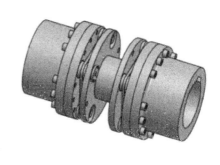

图 12-5　钢片膜片式离合器

1 轴法兰；2 不锈弹簧钢摩擦片；3 螺栓；4 法兰；5 中间环；6 键槽

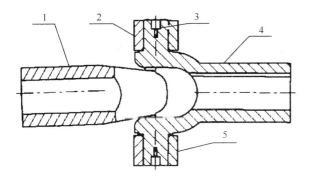
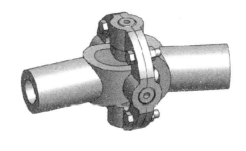

图 12-6　万向联轴器

1 万向接头；2 固定法兰；3 轴承销；4 输出端；5 固定法兰

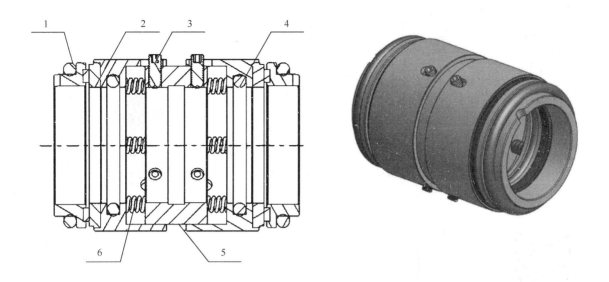

图 12-7　机械离合器

1 O形圈；2 密封圈；3 内六角螺栓；4 O形圈；5 插片；6 压缩弹簧

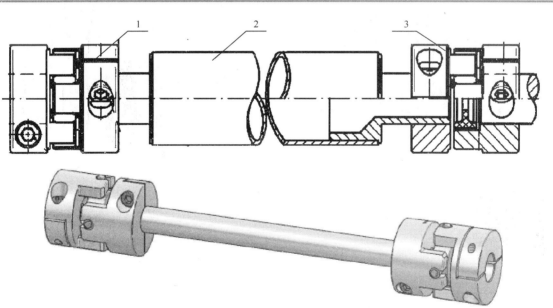

图 12-8　两个铰接接头的实例

1 铰接接头；2 中间轴；3 铰接接头

251

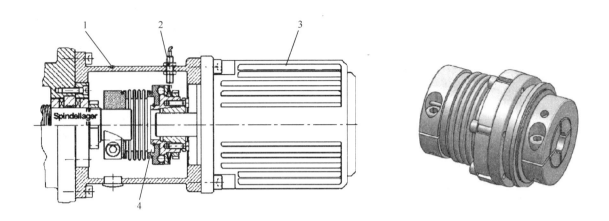

图 12-9　实例 安全离合器

1 外壳体；2 接近开关；3 AC 伺服电机；4 安全离合器

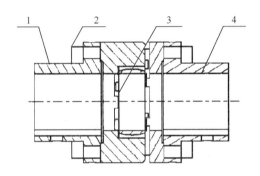

图 12-10　扭转弹性联轴器

1 法兰；2 螺钉组；3 弹性元件；4 配对法兰

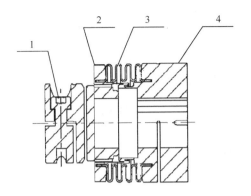

图 12-11　弹性联轴器

1 固定螺钉；2 法兰；3 塑料齿轮圆；4 安装法兰

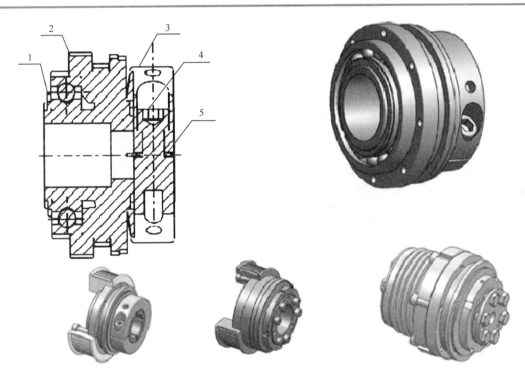

图 12-12　安全离合器

1 球轴承；2 法兰；3 安装法兰；4 固定螺钉；5 夹紧槽

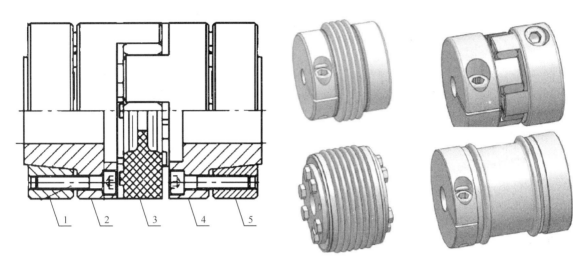

图 12-13 伺服离合器

1 锁紧环；2 锥形轮毂；3 弹性体；4 锥形轮毂；5 锁紧环

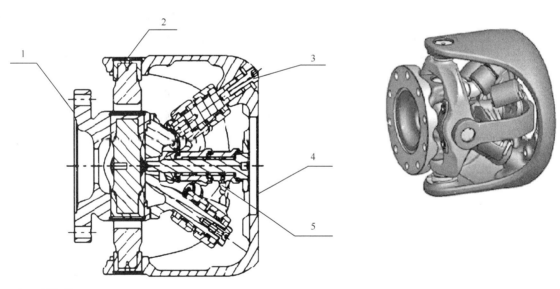

图 12-14 15° 关节角度的联轴器

1 法兰套管；2 中间体；3 螺钉组；4 外壳；5 油嘴

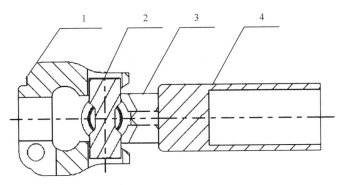

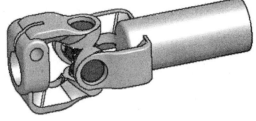

图 12-15　铰接接头

1 有轴套管的铰接头；2 万向节十字轴；3 传动轴支架；4 传动轴

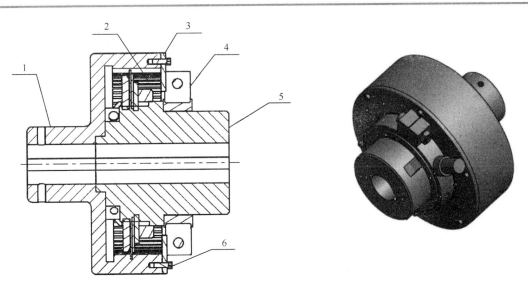

图 12-16　膜片式离合器

1 轴套筒和外壳；2 摩擦片组；3 端盖；4 固定壳体；5 轴套筒；6 螺钉组

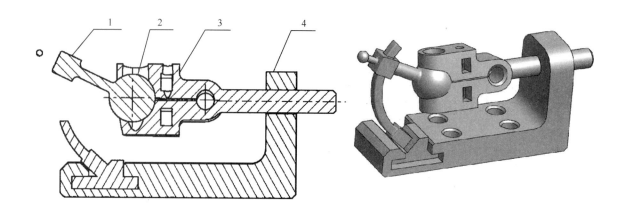

图 12-17 铰接连接模型

1 铰接接头；2 球关节；3 球面接头；4 底座

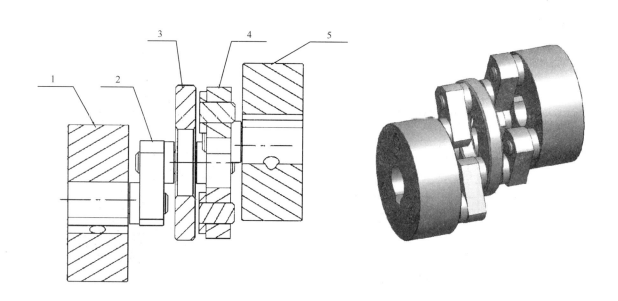

图 12-18 平行联轴器（施密特联轴器）

1 带槽的轴套面；2 插片；3 装配凸缘；4 带键的夹紧轮毂；5 带槽的轴套面

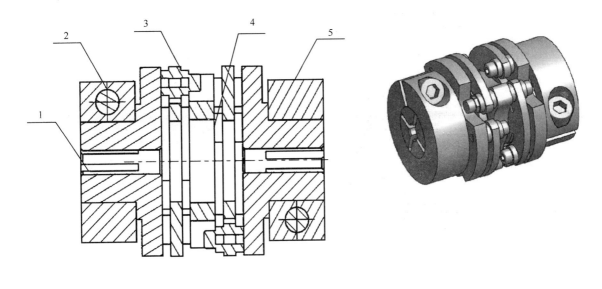

图 12-19　弹性联轴器

1 带夹头的轴套筒；2 锁紧螺钉；3 紧固体；4 中间体；5 轴套筒

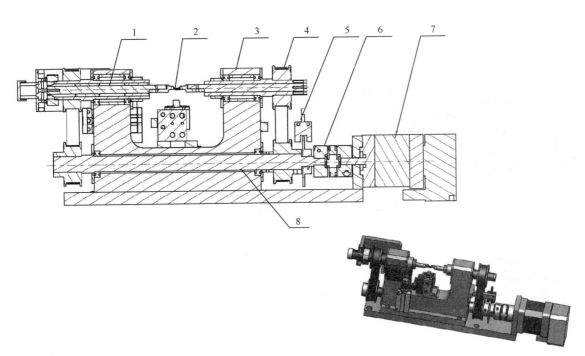

图 12-20　应用实例 主轴单元

1 主轴尾座；2 工件；3 驱动轴外壳；4 齿形带传动；5 编码器的传感器；6 联轴器；
7 驱动电机；8 传动轴

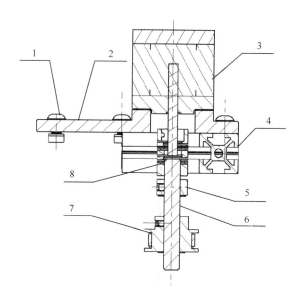

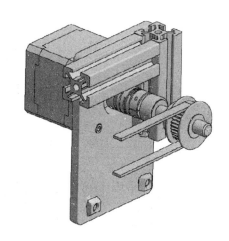

图 12-21 应用实例 电机安装

1 安装螺钉；2 电机法兰；3 电机；4 型材；5 锁紧垫圈；6 传动轴；7 齿形传动带；
8 联轴器

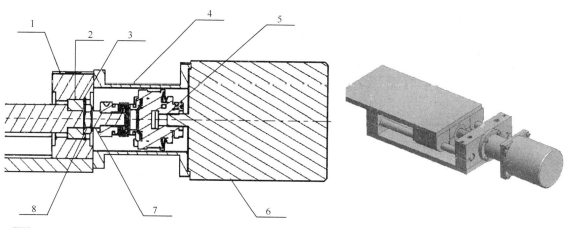

图 12-22 应用实例 电机安装

1 轴承座；2 球轴承；3 安全环；4 电机罩；5 联轴器；6 电机；7 主轴；8 锁紧螺钉

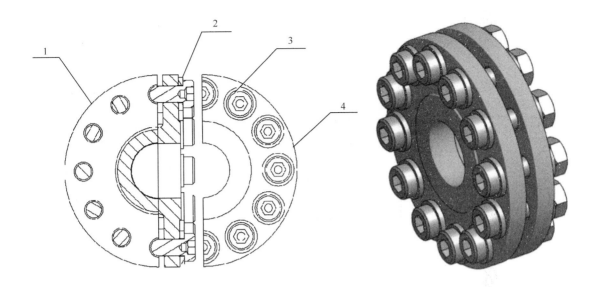

图 12-23　圆盘联轴器

1 平面板；2 垫圈；3 内六角螺钉；4 平面板

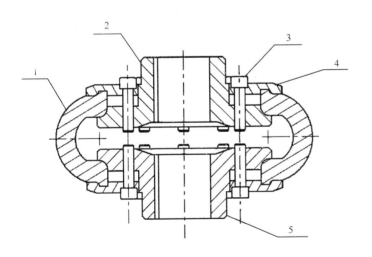

图 12-24　橡胶联轴器

1 橡胶套；2 左轴法兰；3 内六角螺钉；4 橡胶固定；5 右轴法兰

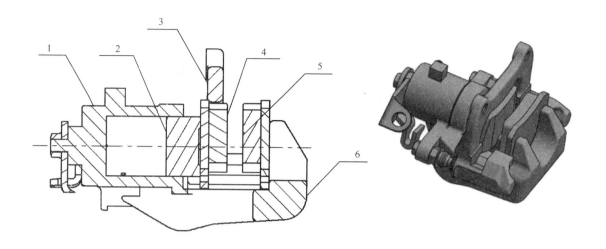

图 12-25　制动盘-缸

1 气缸外壳；2 活塞；3 安装法兰；4 移动制动片；5 直立制动片；6 外壳

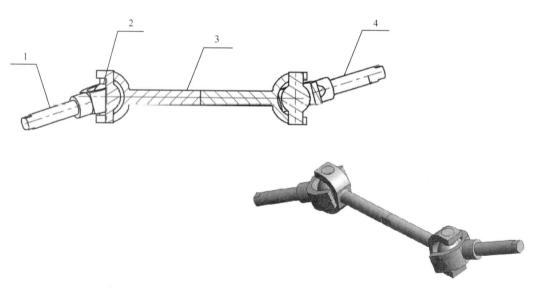

图 12-26　双铰链连接

1 传动轴；2 铰接半壳；3 铰接轴；4 输出轴

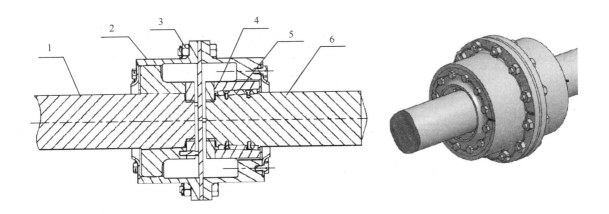

图 12-27　滑动离合器

1 输入轴；2 固定法兰；3 螺钉组；4 弹簧夹头；5 楔形夹紧；6 输出轴

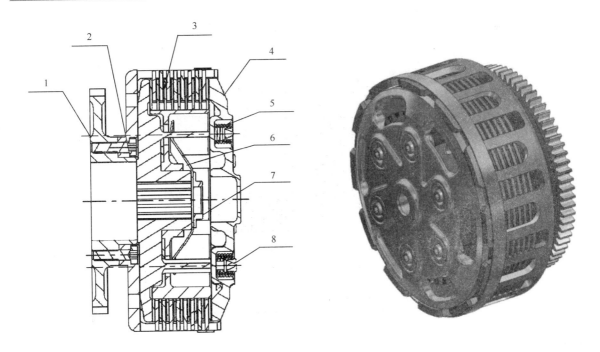

图 12-28　电机离合器

1 齿轮法兰；2 安装螺钉；3 摩擦片组；4 盖板；5 压缩弹簧；6 碟形弹簧；7 锁紧螺钉；8 固定螺钉

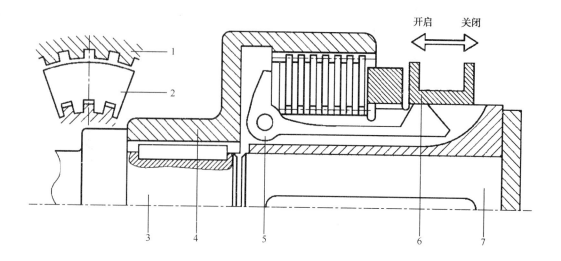

图 12-50 机械膜片式离合器

1 外盘；2 内盘；3 传动轴；4 离合器外壳；5 夹紧杆；6 滑套；7 输出轴

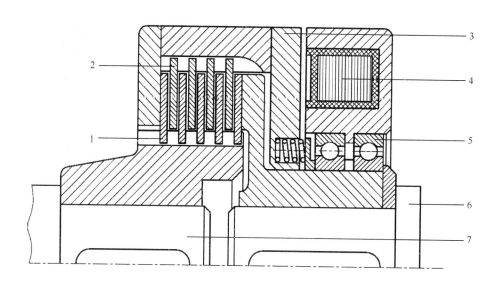

图 12-51 电磁膜片式离合器

1 内膜片；2 外膜片；3 底座板；4 绕组；5 深沟球轴承；6 输出轴；7 输入轴

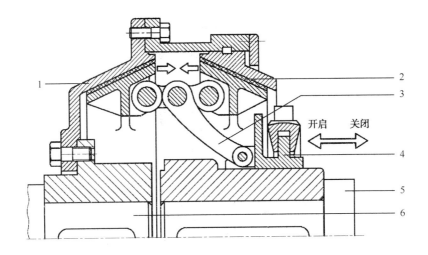

图 12-52 锥形离合器

1 外壳；2 摩擦衬片；3 曲杆；4 连接套；5 输出轴；6 输入轴

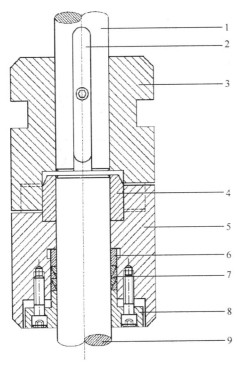 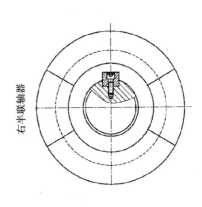

图 12-53 爪式联轴器

1 轴；2 键；3 爪体；4 定心环；5 爪体；6 隔离环；7 环型夹紧元件；8 压块；9 轴

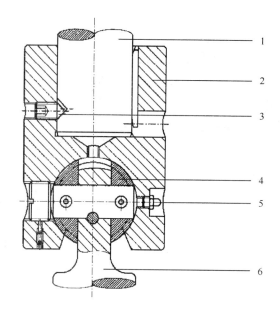

图 12-54　铰接接头

1 输入轴；2 铰接头壳体；3 紧固螺钉；4 铰接；5 喷油嘴；6 铰接轴

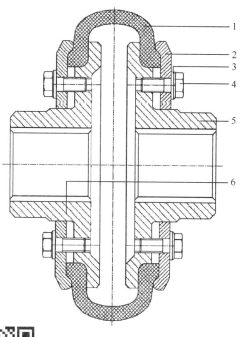

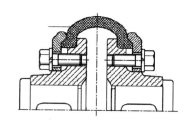

图 12-55　弹性联轴器

1 橡胶轮胎；2 压缩环；3 盘；4 六角螺母；5 半联轴器；6 半联轴器

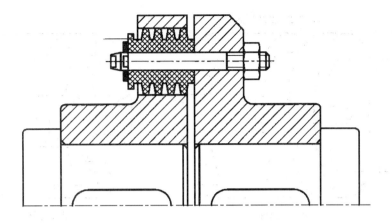

图 12-56　橡胶套筒联轴器

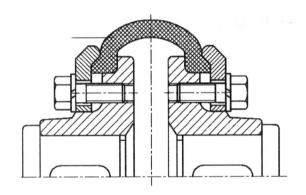

图 12-57　橡胶圈联轴器

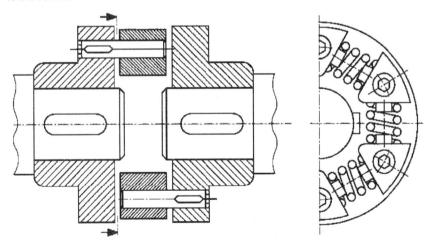

　图 12-58　金属弹簧联轴器

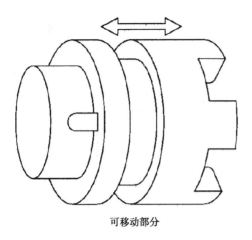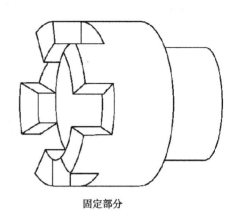

可移动部分　　　　　　　固定部分

图 12-59　爪式联轴器

13 特殊设计

3D 图样和 42 个应用示例
2D 图样和 15 个应用示例

3D 设计一览

2D 设计一览

　　附加设计应当在设计方面支持设计者和用户，从而节省时间与成本。设计之初提出产品理念或者客户需求，然后在各个细节方面草拟产品设计方案并加以实现。这是一个持久的过程，在此期间从很多种可能性中最终实现一个好的想法。

　　设计者要一直做出新的决定，从而满足这个即将推出的产品长时间的成本与适应性要求。这不仅在设计上增加了挑战和任务，也扩大了设计的可能性。设计工作在很大程度上是一个长远决策。为了让设计者找到一个快速的解决方法，这些特殊设计起到了很大的作用。设计者需要源于实践的一些实践性解决方案。

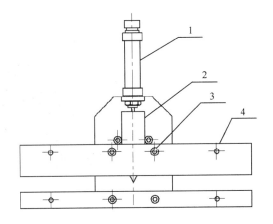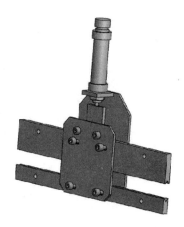

图 13-1　可滚动工件分配装置

1 压缩空气缸；2 分配器；3 六角螺钉 M6；4 轨道

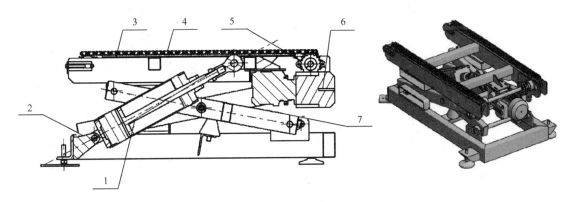

图 13-2　带链传动的升降台

1 压力缸；2 压力缸支座；3 支撑台；4 链条传动；5 链传动齿轮；6 驱动电机；7 回行杠杆

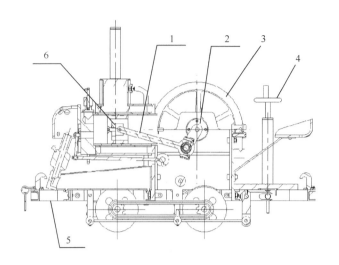

图 13-3　小型蒸汽机

1 连杆；2 轴承；3 飞轮；4 手刹；5 机座；6 气缸活塞

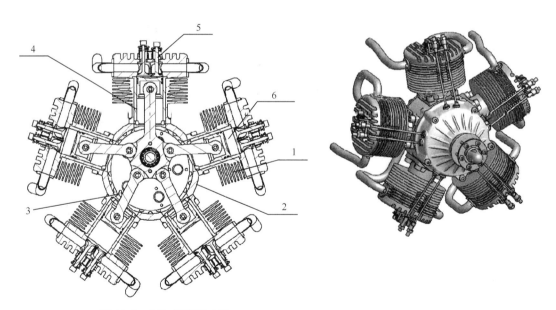

图 13-4　五缸星型发动机

1 散热片；2 发动机缸体；3 曲柄连杆；4 气缸；5 气门；6 活塞

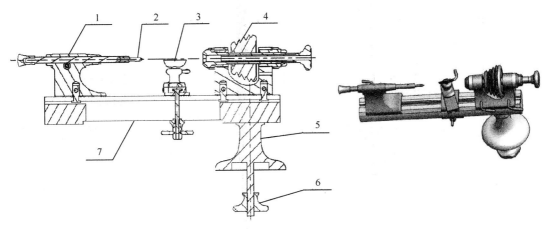

图 13-5 旋床

1 车床尾座；2 定心顶尖；3 刀具支架；4 V 形带轮驱动；5 法兰盘；6 操纵杆；
7 机座

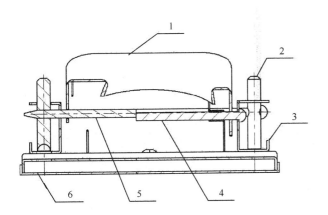

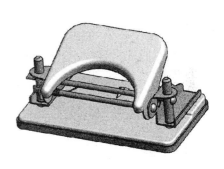

图 13-6 德标 A4 打孔机

1 操纵杆；2 导向轴；3 右固定板；4 拉紧机构；5 导向轴；6 阴模

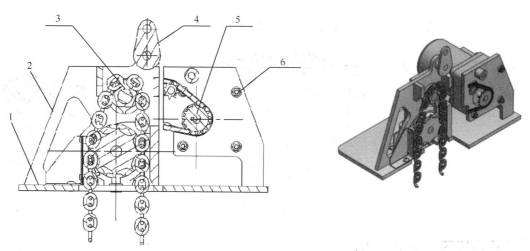

图 13-7　链传动

1 机座；2 角型托架；3 链传动轮；4 固定夹圈；5 发动机链传动齿轮；6 发动机固定

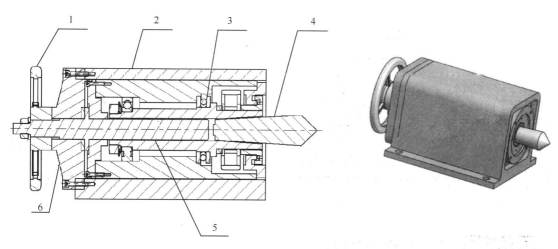

图 13-8　尾顶尖

1 手轮；2 壳体；3 滚动轴承；4 定心顶尖；5 主轴；6 机盖法兰

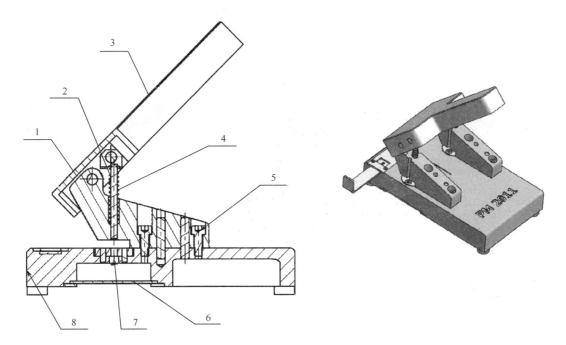

图 13-9　可调德标 A4 压孔机

1 支撑爪；2 导轨；3 手动杆；4 回位弹簧；5 紧固螺钉；6 废料箱；7 冲压孔；8 支架

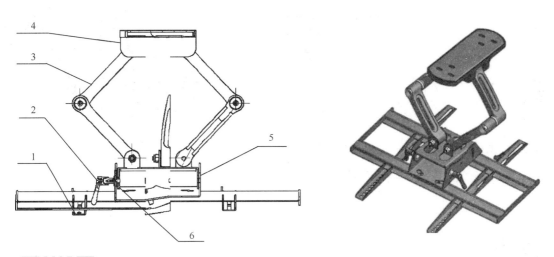

图 13-10　多轴水平台

1 导轨；2 紧固摇把；3 回行杠杆；4 固定平台；5 角度平衡固定板；6 角度平衡

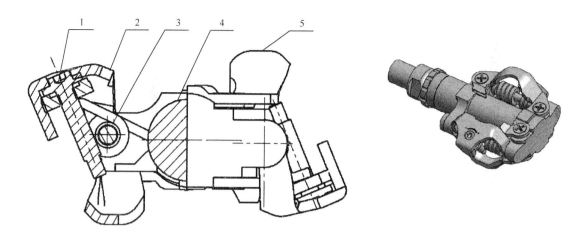

图 13-11　自行车踏板

1 夹紧螺钉；2 活动拉紧卡板；3 夹紧螺旋扭力弹簧；4 轴心；5 固定卡子

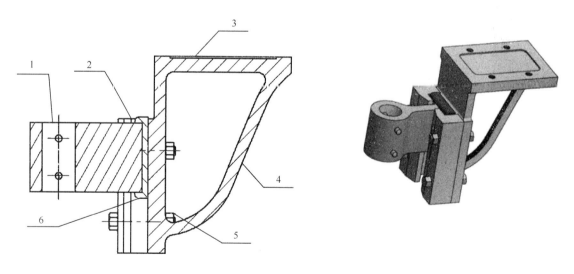

图 13-12　可调上升角

1 圆形保护套管；2 夹紧钳口；3 L 形梁；4 提高刚度弧形板；5 夹紧钳口的固定螺栓；6 支承

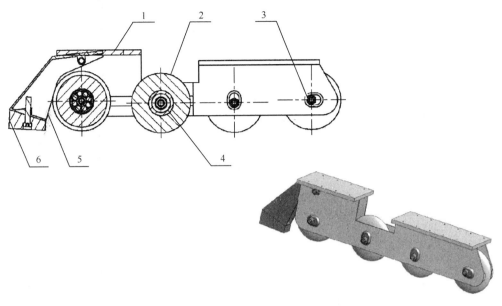

图 13-13　直排轮滑

1 托架台；2 滑轮；3 支撑；4 球轴承；5 制动器支架；6 制动器

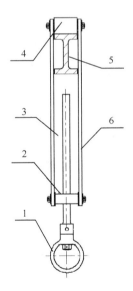

图 13-14　带挂钩的机械导轮

1 链接环；2 调整螺母；3 螺纹；4 滑轮；5 工字梁；6 支撑条

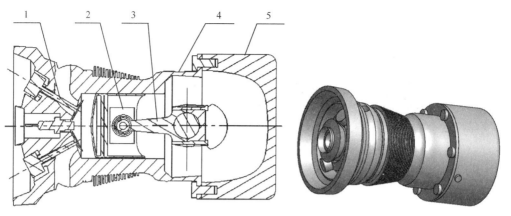

图 13-15　单缸四冲程发动机

1 气阀；2 活塞；3 连杆；4 缸；5 油底壳

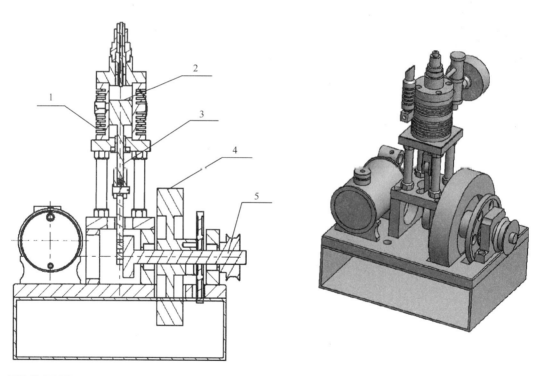

图 13-16　二冲程发动机

1 缸；2 活塞；3 连杆；4 飞轮；5 传动轴

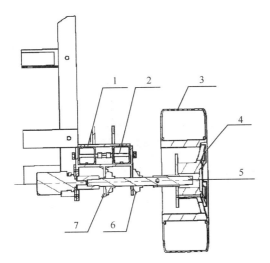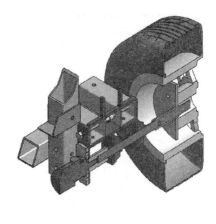

图 13-17　车轮悬架

1 梁断面；2 紧固螺栓；3 轮胎；4 轮辋；5 轴；6 安装轴；7 基本轮廓

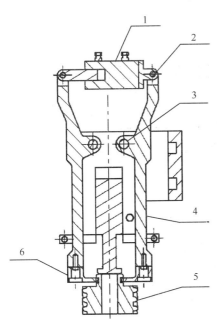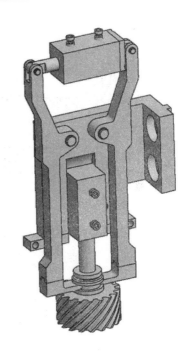

图 13-18　数控夹具

1 雄克-夹钳；2 连接件；3 机械臂的螺栓；4 机械臂；5 齿轮；6 机械手指

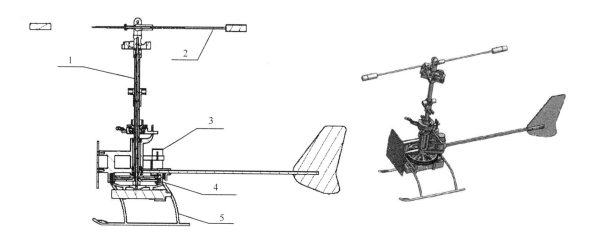

图 13-19 直升机旋翼驱动

1 电机轴；2 转子叶片；3 驱动电机；4 齿轮传动；5 滑板架

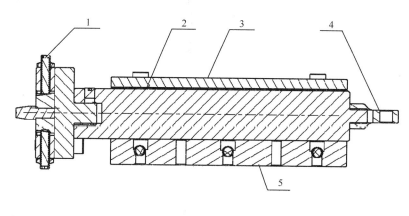

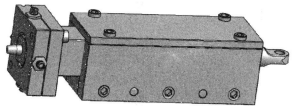

图 13-20 液压缸

1 调整螺钉（4×）；2 导向缸；3 上导向板；4 安装心轴；5 下导向板

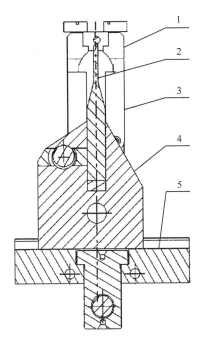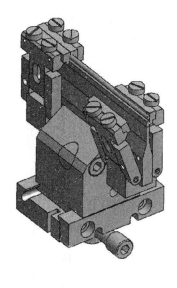

图 13-21 外圆磨床导轨

1 左安装板；2 导板；3 右安装板；4 套管；5 底板

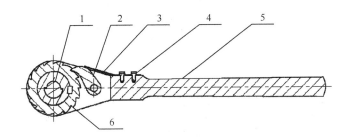

图 13-22 扳手-棘轮机构

1 齿轮轴；2 棘轮、棘爪；3 钢板弹簧；4 钢板弹簧固定；5 手柄；6 齿轮锁

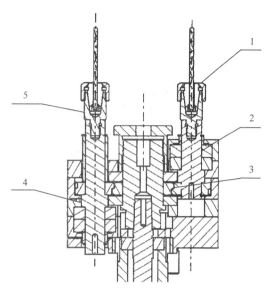
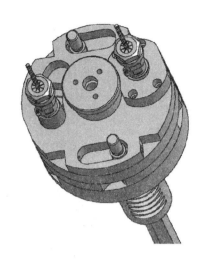

图 13-23　带两个工具的钻头

1 夹紧钳；2 主轴钻头 1；3 齿轮副驱动；4 主轴钻头 2；5 夹紧钳导轨

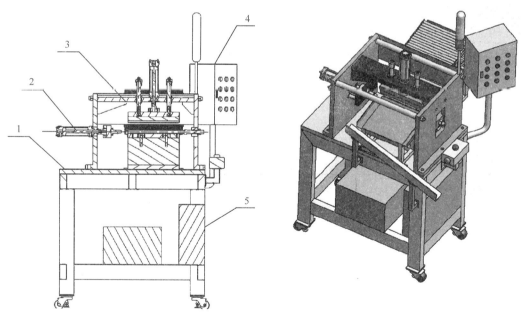

图 13-24　斜边机

1 底板；2 管定位缸；3 管型夹；4 控制装置；5 机座

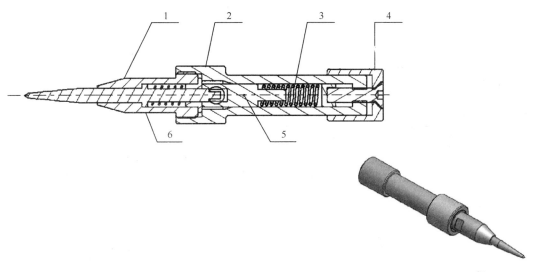

图 13-25 刻刀

1 保护壳；2 壳体；3 压缩弹簧；4 按钮；5 撞块；6 顶尖

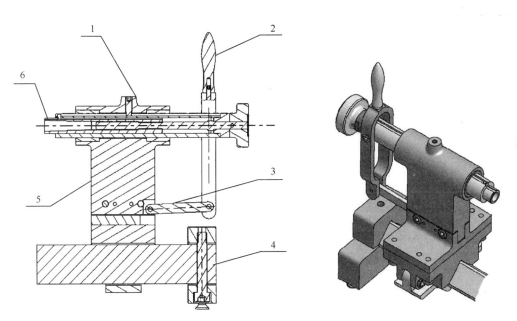

图 13-26 车床尾座

1 导向销；2 直线导向手柄；3 回行杠杆；4 纵向导向；5 基体；6 尾座套筒

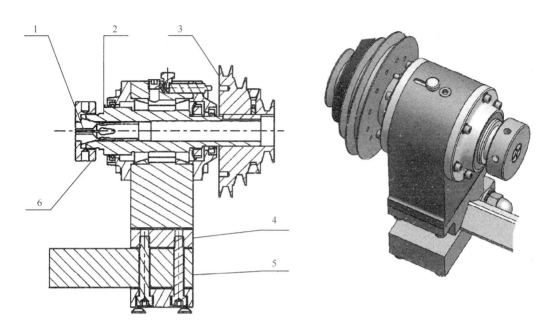

图 13-27　车床夹盘

1 夹紧钳；2 夹头导向；3 V 形带轮；4 底座；5 纵向导向；6 夹头螺栓

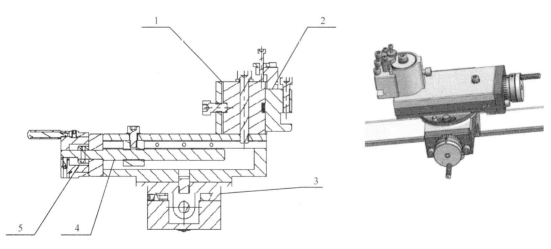

图 13-28　车床支架

1 刀夹固定；2 刀夹；3 横刀架；4 轴；5 手轮

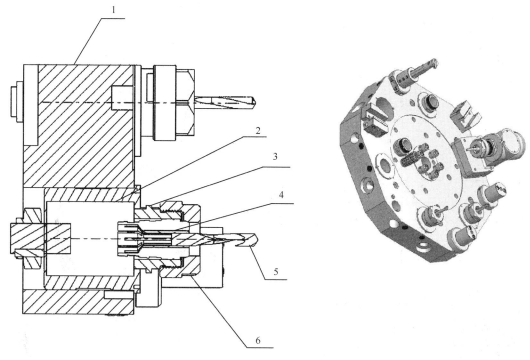

图 13-29　数控加工中心工件架

1 多刀刀架；2 刀架；3 夹头导轨；4 夹头；5 工件钻；6 锁紧螺母夹头

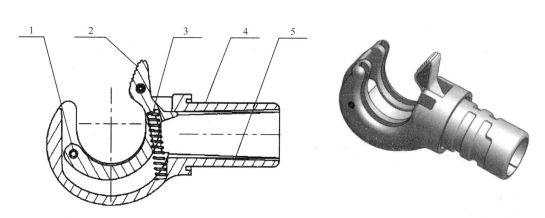

图 13-30　通用机床扳手

1 轴承；2 夹紧盘；3 压缩弹簧；4 壳体；5 延长手柄套

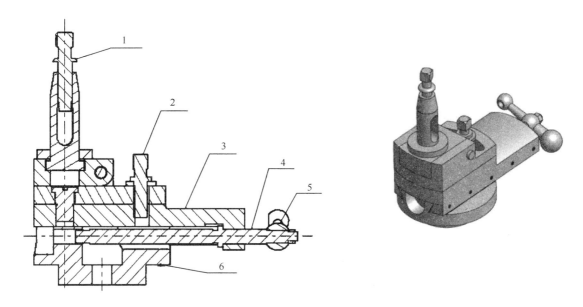

图 13-31　刀夹支撑

1 定位螺栓冲头；2 定位螺栓旋转台；3 线性滑轨；4 心轴；5 手轮；6 安装板

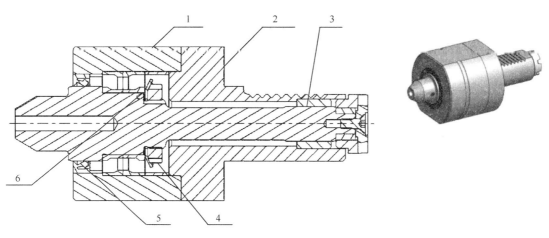

图 13-32　数控机床加工工具

1 壳体；2 工件冲头；3 工件支撑；4 夹紧螺钉；5 垫圈；6 张紧轮

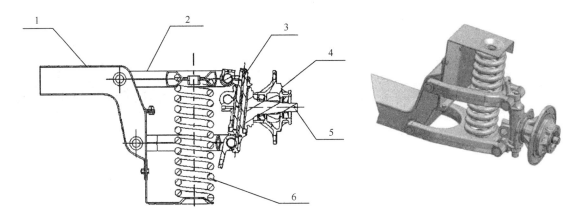

图 13-33　行驶系统–车轮悬架

1 梁；2 铰链；3 工件支撑；4 安装板；5 轴承座；6 减震系统

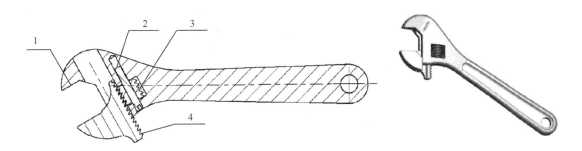

图 13-34　活动扳手、可调扳手

1 固定爪；2 销孔；3 调整螺钉；4 可调钳口

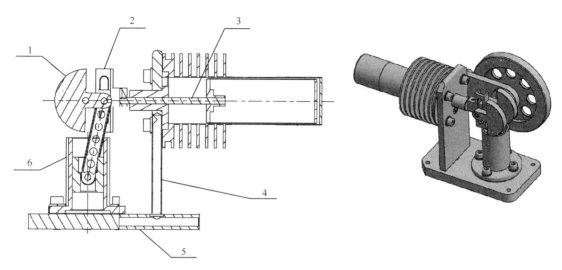

图 13-35 水平斯特林发动机

1 偏转轮；2 推动轴；3 排气活塞；4 安装板；5 机座；6 工作活塞

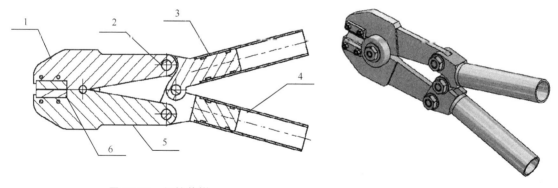

图 13-36 螺栓剪钳

1 扳牙；2 铰链轴承；3 上把手；4 下把手；5 扳牙；6 刀头

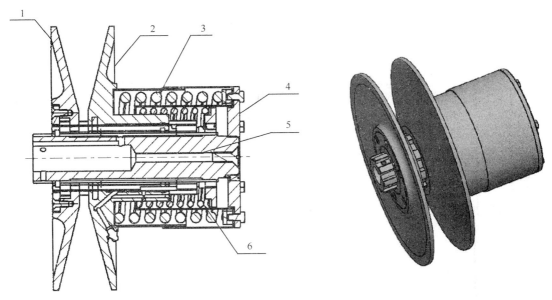

图 13-37　离心垫圈

1 固定法兰；2 可移动法兰；3 压力弹簧；4 盖板；5 轴；6 轴承

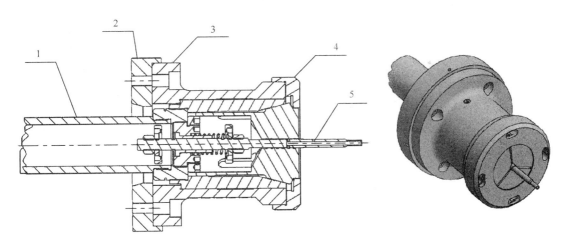

图 13-38　数控机床夹紧钳紧固机构

1 中心轴；2 固定法兰；3 导向缸；4 盖板；5 压具

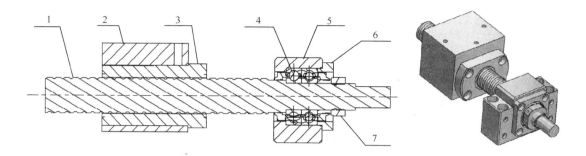

图 13-39　转轴螺母轴承结构

1 轴；2 转轴螺母凸缘；3 转轴螺母；4 滚珠轴承安装支架；5 间隔套；6 密封圈；
7 定位螺栓

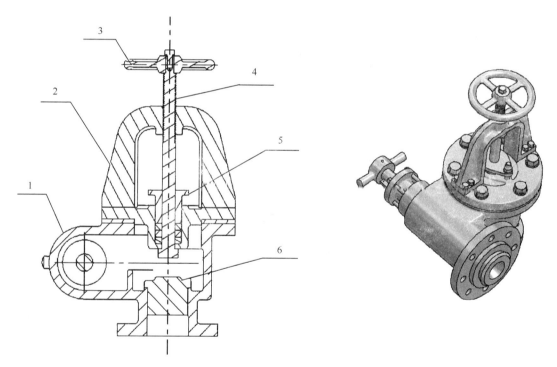

图 13-40　止回阀

1 保护套；2 中心轴夹紧装置；3 张紧轮；4 中心转轴；5 转轴螺母；6 密封件

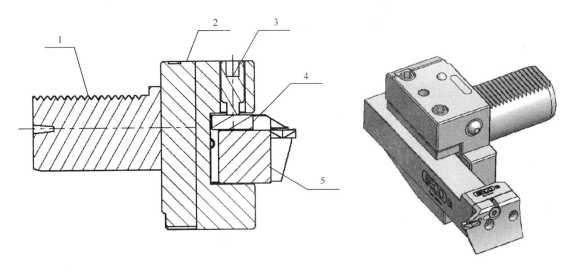

图 13-41 CNC 加工中心刀夹

1 固定、加固锯齿；2 支架臂；3 定位螺栓；4 Z 形杆；5 刀夹

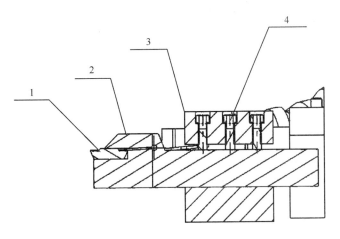

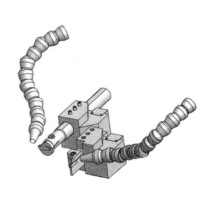

图 13-42 镗刀架

1 切刀旋转盘；2 压盘；3 刀夹；4 止动螺钉

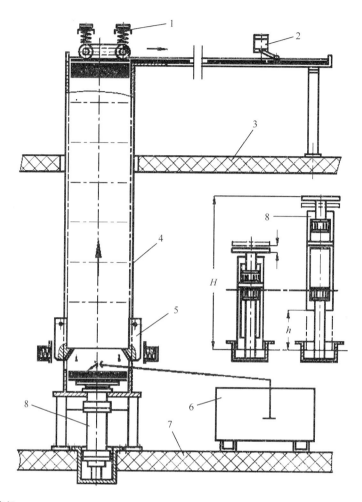

图 13-50　立式升降机

1 分离装置；2 工件选取装置；3 上盖；4 电梯竖井；5 保持装置；6 升降机；7 底盖；8 双冲程缸

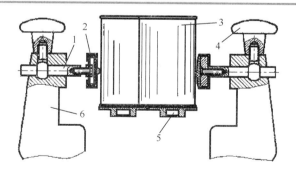

图 13-51　传送带侧滑

1 手柄；2 合成材料包装的侧夹装置；3 运输货物；4 手柄；5 传送带 平链；
6 支架角钢

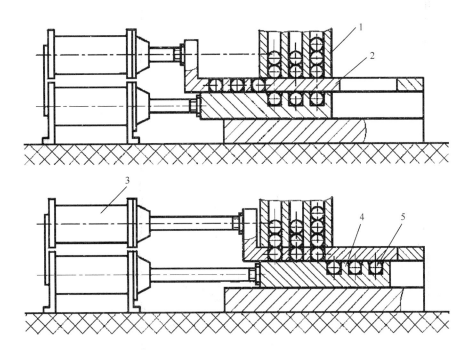

图 13-52　多次分配装置

1 竖井存储装置；2 分隔室；3 气动缸；4 分配装置；5 工件，比如螺栓

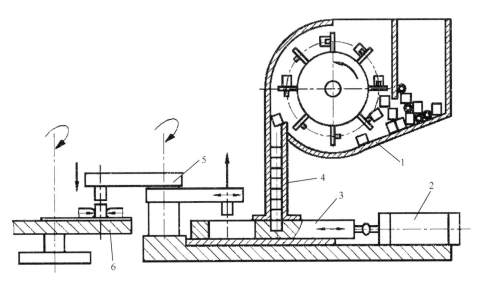

图 13-53　全自动供给装置

1 提升机；2 气动缸；3 分配装置；4 竖井存储装置；5 装卸装置；6 加工机床

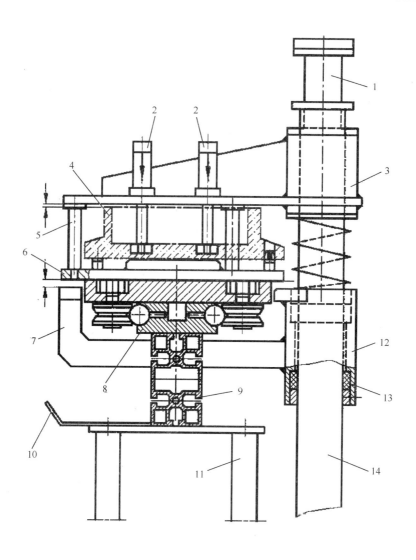

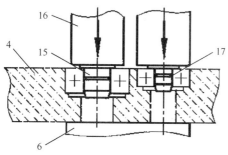

图 13-54　滚动轴承装配转送机

1 升举缸；2 压缩气缸；3 环形导向装置；4 装配部分；5 支承；6 底座支承；
7 提升臂；8 平板运输装置；9 型钢梁；10 挡板；11 支架；12 环形导向装置；
13 密封圈；14 支柱；15 装配件保持装置；16 推杆；17 O 形环

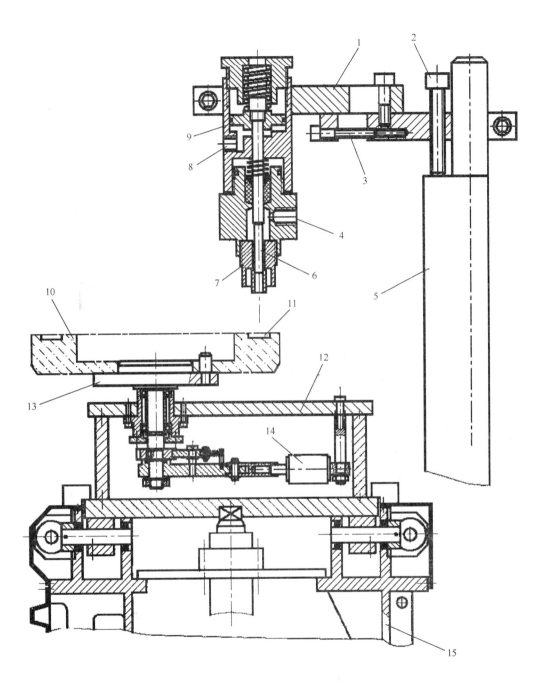

图 13-55 带有脉冲装置的转送台

1 轭盘；2 高度校正；3 径向偏差；4 黏合连接；5 固定柱；6 涂胶杆；7 涂胶喷嘴；
8 气动连接口；9 活塞；10 基础工件；11 6 倍调准；12 脉冲装置；13 底座；
14 气动缸；15 转送杆

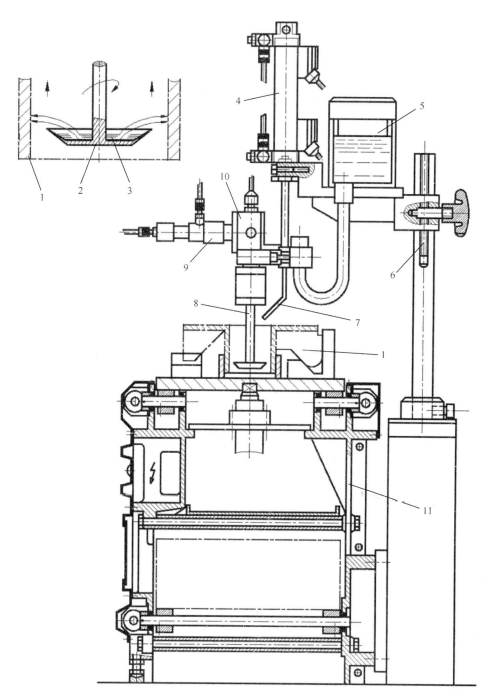

图 13-56　涂装台

1 工件；2 喷溅涂装盘；3 涂料；4 计量装置；5 储备容器；6 高度校正；7 回流装置；8 喷溅涂装盘；9 喷溅马达；10 线性器具；11 进料杆

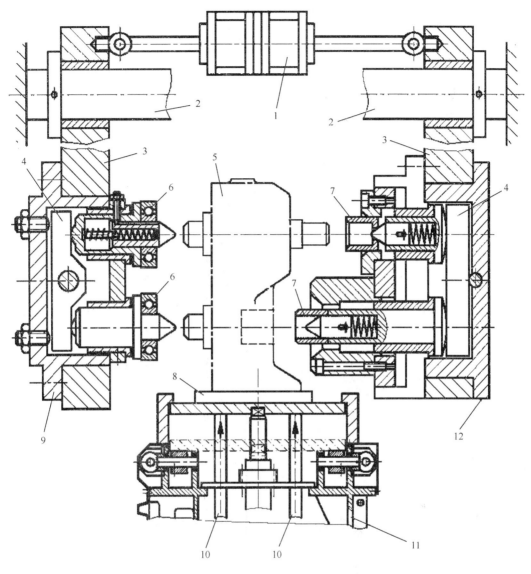

图 13-57 轴套传送装置

1 空气-双火花活塞装置；2 支架；3 轭铁截面；4 补偿装置；5 基础工件 保护套；
6 组装件 滚珠轴承；7 组装件 轴套；8 底座支承；9 滚动轴承定心固定定位凸缘；
10 气动往复运动装置；12 轴套定心固定定位凸缘

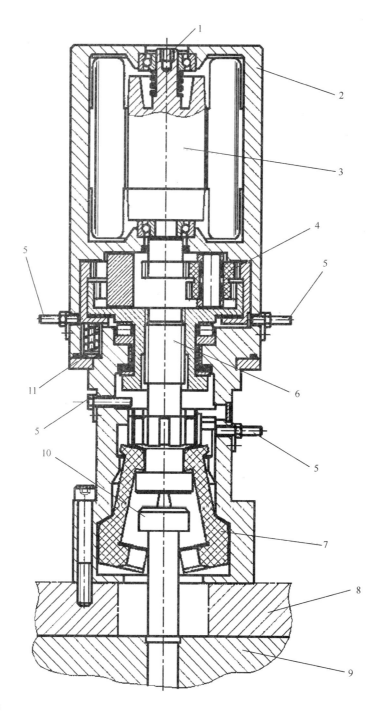

图 13-58　机电快速夹紧装置

1 紧急手动按钮；2 保护套；3 夹紧套；4 减速装置；5 非接触限制开关；
6 螺旋齿轮传动；7 张紧钳；8 冲击器；9 工件；10 装配件；11 锁止装置

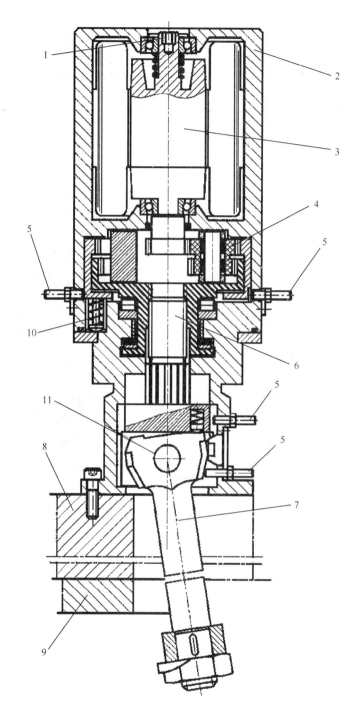

图 13-59　带有快速转向拉杆的机电快速夹紧装置

1 紧急手动按钮；2 保护套；3 夹紧电机；4 减速装置；5 非接触限制开关；
6 螺旋齿轮传动；7 拉杆；8 冲击器；9 压具；10 锁止装置；11 摇摆撞击块

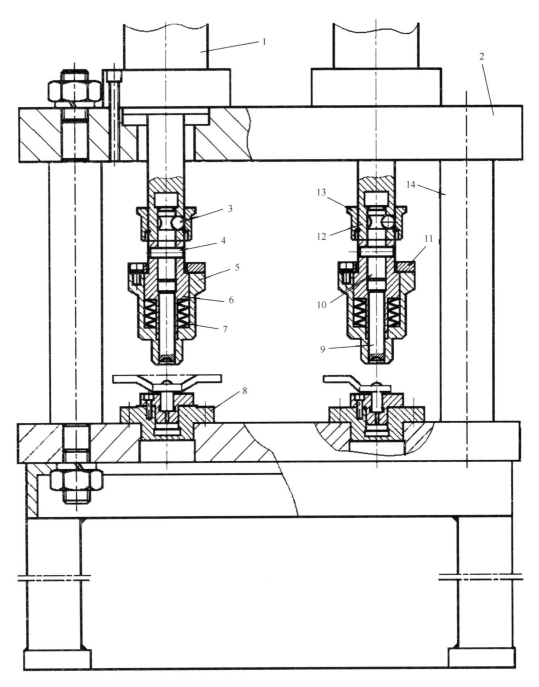

图 13-60　铆接装置

1 液压缸；2 轭板截面；3 快换联轴器；4 定位销；5 压紧装置；6 铆接销；
7 钢板弹簧碟片组；8 工件夹具；9 铆接销；10 压紧螺栓；11 止动垫圈；
12 离合器分离叉；13 制动盘内侧；14 支柱

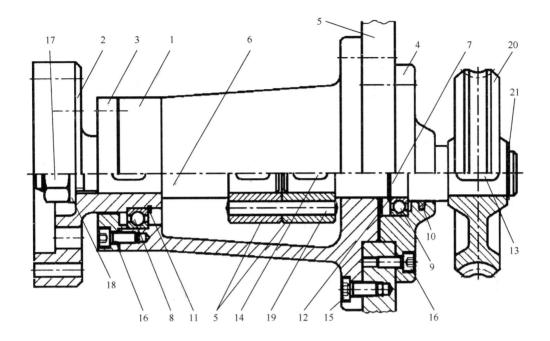

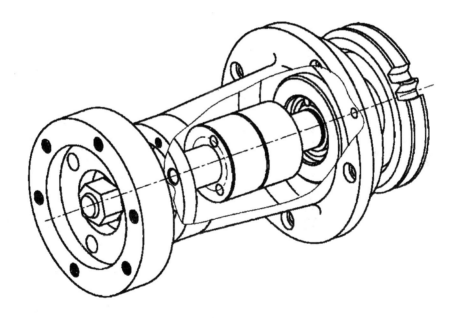

图 13-61　轴承结构

1 保护套；2 凸缘；3 端盖；4 端盖；5 安装壁；6 转轴1；7 转轴2；8 滚珠轴承1；
9 滚珠轴承2；10 毡垫圈；11 保险环1；12 保险环2；13 滑键1；14 滑键2；
15 内六角螺钉1；16 内六角螺钉2；17 六角螺母；18 垫圈；19 定位销；20 蜗轮；
21 保险环

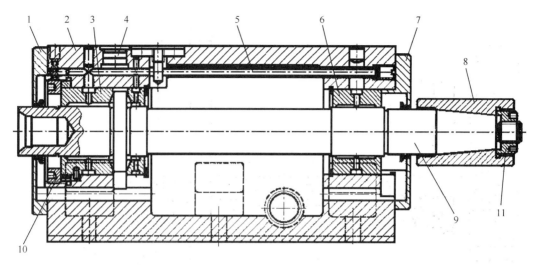

图 13-62　主轴支承

1 端盖；2 保护套；3 旋转轴承；4 油位观察窗；5 内管；6 轴承；7 端盖；8 皮带轮；9 转轴；10 螺纹环；11 孔螺母

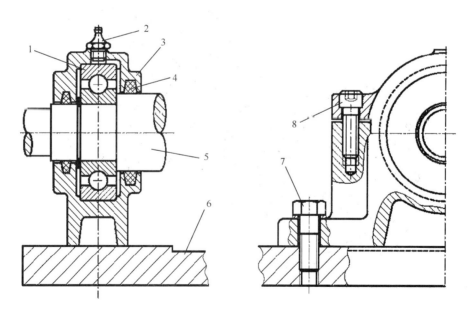

图 13-63　轴承座套

1 滚珠轴承；2 注油嘴；3 壳体；4 毡垫圈；5 轴；6 底座；7 外六角螺栓；8 内六角螺栓

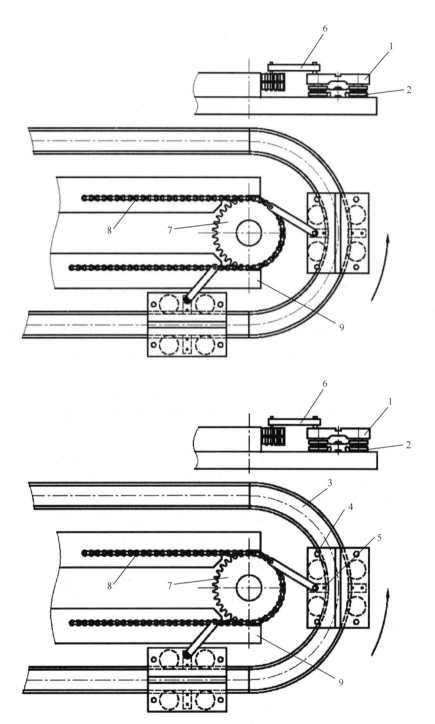

图 13-64　起重小车供给装置

1 起重小车；2 轨迹滚轮；3 滑轨；4 齿盘；5 带连接销的同步带；6 牵引杆；7 链轮；
8 滚子链；9 链带导向装置

14 附录

致谢

在本书初稿的撰写中，下列人员积极参与，共同努力，作者在此表示衷心感谢：

Palinkas Jozsef（Ungarn，匈牙利），Kedar Padalkar（Indien，印度），Arifin Tea（Indonesien，印度尼西亚），Darren P. Simpson（Australien，澳大利亚），Milovan Rankovic（Montenegro，黑山），Silvio Arcanjo（Brasilien，巴西），Saeid Mirshahidi（Iran，伊朗），Cliff Behrend（USA，美国），Eckhard Hofmann（Deutschland，德国），Andjelic Zoran, Calle Svensson（Schweden，瑞典），Inginer Bobby（Rumänien，罗马尼亚），Stehen Winther（Australien，澳大利亚），Vlad（China，中国），Bozidar Sevic（Norwegen，挪威），Bagher Ahmadnejad（Iran，伊朗），Eric Olds, Michael Noon（USA，美国），Dinesh Raj（Indien，印度），Jirka（Deutschland，德国），Hisham Salah（Ägypten，埃及），Wong Kim Hui（Malaysia，马来西亚），Ward Petrus（Belgien，比利时），Virmantas Lukauskas, Kalyan Keesara（Indien，印度），Arto Vuorinen（Finnland，芬兰），Waleed Kahn（Südafrika，南非），Nayla Miana（Brasilien，巴西），Mehdi Brahmand（Iran，伊朗），Michael Mauldin（USA，美国），Ivo Alberti（Italien，意大利），Branko Stokuca（Serbien，塞尔维亚），Maximir（Slovenien，斯洛文尼亚），Bent Christensen（Dänemark，丹麦），Sannikov Pavel（Russland，俄罗斯），Dejan Pcpair（Slovenien，斯洛文尼亚），Patrisius Kurniawan（Indonesien，印度尼西亚），Ahmed Abdel Azez（Ägypten，埃及），Tomasz（Polen，波兰），Martin Bartsch（Deutschland，德国），Neil Louw（Südafrika，南非），Andrey Jasiukaitis（USA，美国），Matt Hlodder（USA，美国），Yudhi Prasetyo（Indonesien，印度尼西亚），Dimitri Demidov（Russland，俄罗斯），Hesam（Iran，伊朗），Marton Buday（Ungarn，匈牙利），Tomek F（Polen，波兰），Zaldson（Brasilien，巴西），Antonio Auro Rabello（Brasilien，巴西），Cvetan Drageski（Macedonien，马其顿），Andrew Butov（Russland，俄罗斯），Siddarth（Indien，印度），Dwi Ichsan Bramantya（Indonesien，印度尼西亚），Fidel Chirtes（Rumänien，罗马尼亚），Julien Schöpfer（Schweiz，瑞士），Nasser Hodaei（Iran，伊朗），Venice Hlario（Thailand，泰国），Guido De Angelis（USA，美国），Fedotev Andy（Ukraine，乌克兰），Damjan Trzan（Slovenien，斯洛文尼亚），Luis Amaya（USA，美国），Christian Hille（USA，美国），Joseph Imad（Dubai，迪拜），Jonathan Moller（Australien，澳大利亚），Timmy Nguyen（Vietnam，越南），Jonny P. Johnston（USA，美国），Tim De Bock（Belgien，比利时），Matt Hendey（USA，美国），Starnuti（Indonesien，印度尼西亚），Suraj Mal（Indien，印度），Paul Mason（England，英格兰），Rendizer（Ägypten，埃及），Abhijeet（Indien，印度），Camka（Frankreich，法国），Sergey Rabtsun（Russland，俄罗斯），Mohammad Moosavian（Iran，伊朗），Calvin Winther（Singapore，新加坡），Jose L Bartolome（Spanien，西班牙），Loyd de Guzman（Singapore，新加坡），Dominic Notman（England，英格兰），Verislav Mudrak（Serbien，塞尔维亚），Fabrizio Guarisco（Schweiz，瑞士）。

14.1 文献与参考资料

[1] Fischer. R.: Entwicklung von Greif- und Spannvorrichtungen für die automatisierte Montage VDI Verlag, Düsseldorf, 1997.

[2] Hesse, S.: Grundlagen der Handhabungstechnik. 2.Aufl., Carl Hanser Verlag, München/Wien, 2009.

[3] Matzat, H.: Werkstückspannen ganzheitlich gesehen. Werkstatt und Betrieb 2004, Heft ½, S. 42-45.

[4] Lotter, B.; Wiendahl, H-P. (Hrsg.): Montage in der industriellen Produktion. Springer Verlag, Berlin/Heidelberg, 2006.

[5] Kurz, U.; Hintzen, H.; Laufenberg, H.: Konstruieren – Gestalten – Entwerfen. 4. Aufl. Vieweg+Teubner Verlag, Wiesbaden, 2009.

[6] Awiszus, B.; Bast, J.; Dürr, H.; Matthes, K.-J. (Hrsg.): Grundlagen der Fertigungstechnik. Fachbuchverlag Leipzig im Carl Hanser Verlag. München/Wien, 2009.

[7] Steinhilper, W.; Sauer, B. (Hrsg.): Konstruktionselemente des Maschinenbaus. 7. Aufl. Springer Verlag, Berlin/Heidelberg, 2008.

[8] Hoenow, G.; Meißner, T.: Konstruktionspraxis im Maschinenbau. Fachbuchverlag Leipzig im Carl Hanser Verlag, München/Wien, 2007.

[9] Hesse, S.; Schnell, Hrsg.: Sensoren für die Prozess- und Fabrikautomation. 5. Aufl. Vieweg+Teubner Verlag, Wiesbaden, 2011.

[10] Wyndorps, P.: 3D-Konstruktion mit Pro/Engineer Wildfire 5.0. Europa Lehrmittel, Haan Gruiten, 2010.

[11] Rief, F.: Kaczmarek, M. (Hrsg.): Taschenbuch der Maschinenelemente. Fachbuchverlag Leipzig im Carl Hanser Verlag, München/Wien, 2006.

[12] Werkstückspanner und Vorrichtungen. DIN-Taschenbuch Nr. 151,5. Aufl., Beuth Verlag, Berlin, 2011.

[13] Hesse, S.: Greifertechnik – Effektoren für Roboter und Automaten. Carl Hanser Verlag, München/Wien, 2011.

[14] Hesse S.; Malisa, V. (Hrsg.): Taschenbuch Robotik – Montage – Handhabung. Carl Hanser Verlag, München/Wien, 2010.

[15] Eh, D.; Krahn, H.: Konstruktionsfibel SolidWorks 2008. Vieweg+Teubner, Wiesbaden, 2009.

[16] Dietrich, J.; Tschätsch, H.: Praxis der Zerspantechnik. Springer Vieweg, Wiesbaden, 2014.

[17] Dietrich, J.; Tschätsch, H.: Praxis der Umformtechnik. Springer Vieweg, Wiesbaden, 2013.

[18] Labisch, S.; Weber, C.: Technisches Zeichnen. Springer Vieweg, Wiesbaden, 2013.

[19] Kerle, H. et al.: Getriebelehre. Vieweg+Teubner, Wiesbaden, 2012.

[20] Fritz, A. H.; Schulze, G.: Fertigungstechnik. Springer Vieweg, 2012.

[21] Krahn, H.; Eh, D.; Vogel, H.: 1000 Konstruktionsbeispiele für den Werkzeug- und Formenbau beim Spritzgießen. Hanser Verlag, 2008.

14.2　供应商地址

装配和操纵技术的生产厂家和供应商

Grob-Werke GmbH & Co. KG, 87719 Mindelheim
Telefon: 08261/996-0; Internet: www.grobgroup.com; E-Mail: info@grobgroup.com

KRUPS Fordersysteme GmbH, 56307 Dernbach
Telefon: 02689/ 9435-0; Internet: www.krups-online.de; E-Mail: info@krups-online.de

KUKA Roboter GmbH, Augsburg
Telefon: 0821/ 797-50; Internet: www.kuka-ag.de; E-Mail: kontakt@kuka.com

Demag Cranes & Components GmbH, 58300 Wetter
Telefon: 02335/92-0; Internet: www.demagcranes.de; E-Mail: info@demagcranes.com

Pfuderer Maschinenbau GmbH, 71642 Ludwigsburg
Telefon: 07144/8476-0; Internet: www.pfuderer.de; E-Mail: automation@pfuderer.de

Fibro Läpple GmbH Technology, Hassmersheim
Telefon: 06266/73-0; www.fibro-laepple.com; E-Mail: info@fibro-laepple.de

FlexLink Systems GmbH, 63069 Offenbach
Telefon: 069-83832-0; Internet: www.flexlink.com; E-Mail: info.de@flexlink.com

Reis GmbH & Co. KG Maschinenfabrik, 63785 Obernburg am Main
Telefon: 06022-503-0; Internet: www.reisrobotics.de ; E-Mail: info@reisrobotics.de

Schunk GmbH & Co. KG, 74348 Lauffen
Telefon: 07133/103-0; Internet: www.schunk.com; E-Mail: info@de.schunk.com

标准件及基础件的生产厂家和供应商

Agathon AG, Bellach, Schweiz
Telefon: 0041/32/617 4500; Internet: www.agathon.ch; E-Mail: info@agathon.ch

AMF Andreas Maier GmbH&Co KG, Fellbach
Telefon: 0711/5766-0; E-Mail: amf@amf.de

Bäcker GmbH &Co. KG, Erntebrück-Schameder

Telefon : 02753/5950-0; Internet: www.baecker.eu; E-Mail: info@baecker.eu

Bosch Rexroth AG, Lohr am Main
Telefon: 09352/18-0; Internet: www.boschrexroth.de; E-Mail: info@boschrexroth.de

DIRAK Dieter Ramsauer Konstruktionselemente GmbH, Ennepetal
Telefon: 02333/837-0; Internet : www.dirak.de; E-Mail: info@dirak.de

Fibro GmbH, Weinsberg
Telefon: 07134/73-0; Internet: www.fibro.de; E-Mail: info@fibro.de

Otto Ganter GmbH & Co. KG, Furtwangen
Telefon: 07723/6507-0; Internet: www.ganter-griff.de; E-Mail: info@ganter-griff.de

Erwin Halder KG, Achstetten-Bronnen
Telefon: 07392/70009-0; Internet: www.halder.de; E-Mail: info@halder.de

Heinrich Kipp Werk KG, Sulz-Holzhausen
Telefon: 07454/793-0; Internet: www.kipp.com; E-Mail: info@kipp.com

mbo Oßwald GmbH & Co. KG, Külsheim-Steinbach
Telefon: 09345/670-0; Internet; www.mbo-osswald.de; E-Mail: info@mbo-osswald.de

Misumi Europa GmbH, Schwalbach am Taunus
Telefon: 06196/7746-0; Internet: www.misumi-europa.com; E-Mail: verkauf@misumi-europa.com

norelem Normelemente KG, Markgröningen
Telefon: 07145/206-44; Internet: www.norelem.com; E-Mail: info@norelem.de

NovoNox Inox Components; Markgröninge
Internet: www.novonox.com; E-Mail: info@novonox.com

RK Rose + Krieger GmbH, Minden
Telefon: 0571/9335-0; Internet: www.rk-online.de; E-Mail: info@rk-online.de

Strack Norma GmbH & Co KG, Lüdenscheid
Telefon: 02351/8701-0; Internet www.strack.de; E-Mail: info@strack.de

其他各种生产厂家和供应商

ATEQ Gesellschaft für Messtechnik mbH, Langenau bei Ulm
Telefon: 07345 -9631-0; Internet: www.ateq.de; E-Mail: zentrale@ateq.de

Atlanta Antriebssysteme E. Seidenspinner GmbH & Co. KG – Servo-Antriebssysteme Komponenten
für hochdynamische Servoachsen
Telefon: 07142 7001-0; Internet: www.atlantagmbh.de; E-Mail: info @atlantagmbh.de

Bilz Vibration Technology AG – Schwingungstechnik
Telefon: 07152 3091-0; Internet: www.bilz.ag; E-Mail: info@bilz.ag

August Dreckshage GmbH& Co KG – Antriebselemente/Linearführungen
Telefon : 0521 9259-260; Internet: www.dreckshage.de; E-Mail: lineartechnik@dreckshage.de

Fritz Faulhaber GmbH & Co .KG -Antriebssysteme
Telefon: 07031 638-0; Internet: www.faulhaber.com;E-Mail: info@faulhaber.de

Gutekunst + Co. KG Federfabriken – Federn
Telefon: 07123 960-158; Internet: www.federnshop.com; E-Mail: service@gutekunst-co.com

Habasit GmbH Antriebstechnik – Antriebsriemen –Transportbänder
Telefon: 06071 969-0; Internet: www.habasit.com; E-Mail: info.germany@habasit.com

haspa GmbH, Ittlingen – Biegsame Wellen & Werkzeugantriebe
Telefon: 07266/9148-0; Internet: www.haspa-gmbh.de; E-Mail: info@haspa-gmbh.de

Heinrichs & Co. KG, Dommershausen-Dorweiler –Schrauben und Drehteilefabrik
Telefon: 0049 (0) 6762 9305-0; Internet: www.heinrichs.de; E-Mail: info@heinrichs.de

INOCOM GmbH –Antriebstechnik –Verbindungstechnik – Klemmverbinder und Lineareinheiten
Telefon: 02226 909870; Internet www.inocon.de; E-Mail: info@inocon.de

Eisenhart Laeppche GmbH – Antriebstechnik –Wälzlager und Lineartechnik
Telefon: 04421 970-0; Internet: www.laeppche.de; E-Mail: info@laeppche.de

Layher AG – Gummiformteile/Gummi-Metallverbindungen
Telefon: 07144 3204; Internet: www.layher-gmbh.de; E-Mail: info@layher-ag.de

Liedke Antriebstechnik GmbH & C0.KG- Antriebstechnik

Telefon: 05151 9889-0; Internet: www.liedtke-antriebstechnik.de; E-Mail: liedtke@liedtke-antriebstechnik.de

Chr. Mayr GmbH & Co. KG, Maersstetten, – Antriebstechnik

Telefon : 08341 / 804-0 ;Internet: www.mayr.de; E-Mail: info@mayr.de

Oiles Deutschland GmbH – Gleitlager vom Marktführer

Telefon: 06002 9392-0; Internet: www.oiles.de; E-Mail: info @oiles.de

RSF Elektronik GmbH, Tarsdorf, Österreich, – Automatisierung

Telefon : 0043/(0) 6278/8192-0; Internet: www.rsf.at; E-Mail: info@rsf.at

Reiff - Technische Produkte GmbH, Reutlingen, – Dichtungen

Telefon: 0049 7121 323-0; Internet: www.reiff-tp.de; E-Mail: vktp@reiff-gruppe.de

Reyher Nchfg. GmbH & Co. KG, Hamburg – Schraubenverbindung – Verbindungselemente

Telefon: 040 85363-0; Internet: www.reyher.de; E-Mail: mail@reyher.de

RIEGLER CO. KG - Drucklufttechnik

Telefon: 07125 9497-0; Internet: www.riegler.de; E-Mail: vertrieb@riegler.de

Rose Plastic AG – Kunststoffverpackungen

Telefon: 08388 9200-0; Internet: www.rose-plastic.de; E-Mail: sales@rose-plastic.de

Franz Rübig & Söhne GmbH & Co. KG, Wels, Österreich – Schmiedetechnik

Telefon: 0043 7742-47135-0; Internet: www.rubig.com; E-Mail: htoffice@rubig.com

Schweizer GmbH & Co. KG, Reutlingen – Federn

Telefon: 07127-95792-0; Internet: www.schweizer-federn.de; E-Mail: info@schweizer-federn.de

TGW –Technische Gummi-Walzen GmbH, Emmendingen – Gummi-Walzen/Rollen

Telefon: 07641/91660; Internet: www.typ-tgw.com; E-Mail: info @typ-tgw.com

WDM Wolfshagener Draht- und Metallgesellschaft GmbH, Groß Pankow OT Wolfshagen – Metall-verarbeitung

Telefon: 038789/879-0; Internet: www.wdm-wolfshagen; E-Mail: info@wdm-wolfshagen.de

网址（部分工装夹具生产厂家）

www.allmatic.de	Allmatic-Jakob Spannsysteme GmbH Maschinenschraubstöcke, Spanntürme, Sonderspannmittel
www.alintec.de	Firma Alintec Handspanner (horizontal, vertikal), Schnellspanner, Pneumatikspanner
www.horst-witte.de	Horst Witte Gerätebau Barskamp KG modulares Spannsystem, Vakuum-, Gefrier-, Gießspanntechnik
www.amf.de	Andreas Maier GmbH & Co. KG Zero-Point-System, Spannhydraulik, Schnellspanner, Spannelemente (mechanisch, hydraulisch), Magnet-, Vakuumspanntechnik
www.destaco.com	DE-STA-CO Europe GmbH Spanntechnik (manuell, pneumatisch, hydraulisch), Handspanner, Greifer
www.elesa-ganter.com	Otto Ganter GmbH & Co. KG Bedienelemente
www.fath.net	FATH GmbH Nutensteine, Stellfüße, Scharniere, Gewindeplatten
www.festo.com	FESTO AG und Co. KG Pneumatikkomponenten, Sauger, Greifer, Schwenk-, Linearmodule, Spannmodule, Linear-Schwenkspanner
www.ganter-griff.de	Normelemente, Bediengriffe, Handkurbeln, Einstellelemente, Rastbolzen, Spiralexzenter, Schnell-Kraftspanner, Verriegelungen, Kreuzgelenke, Klemm- halter, Haltemagnete
www.gedema.com	Gedema GmbH Drehfutter, Planscheiben, Aufspannwinkel, -würfel, Kraftspannfutter, Hochdruckspanner, Teilapparate
www.genoma.de	Genoma Normteile GmbH Normteile, Gelenkwellen, Magnete, Welle-Nabe-Verbindungen
www.halder.de	Erwin Halder KG Norm-, DIN-, Vorrichtungs- Bedienelemente- und Lochsysteme, Mehrfach-Nullpunkt-System, Aufspannwinkel, -platten, -Würfel, Spannsätze, Gummi-Metall-Puffer
www.hilma.de	Hilma-Römheld GmbH Mehrfachspannsysteme, Magnetspannplatten, Doppelspanner, Spanntürme, Zentrierspannstöcke, Kompaktspanner, Sonderspannmittel
www.hirschmanngmbh.de	Hirschmann GmbH Nullpunktspannsysteme, Palettenspannsysteme, Rundteiltische
www.hoegg.ch	Högg GmbH Lochrastersysteme, Nullpunkt-Spannkörper, Rundspannplatten
www.hohenstein-gmbh.de	Hohenstein Vorrichtungsbau und Spannungssysteme GmbH Vorrichtungsbaukasten, Sondervorrichtungen, Maschinenpaletten, Schwenkspannmodul, Mehrseiten-Schraubstocksysteme
www.igus.de	igus GmbH Energieketten, Gleit-, Gelenklager, Linearrgleitlager, -führungen, Mehrachsgelenke, Kunststoffkugellager, Förderketten, Zahnriemenachse, Spindellineartische, Gewindetriebe

www.kipp.com	Heinrich Kipp Werke KG Norm-, DIN-, Vorrichtungselemente, Bedienteile
www.maedler.de	Mädler GmbH Vorrichtungs-, Normelemente, Spannsätze, Ketten-Kegelräder, Klemmringe
www.meier-spanntechnik.de	Meier Spanntechnik Pneumatikspanner, Spannschienen, Sonderspannbacken, Spindelspanner
www.meistergroup.de	Ludwig Meister GmbH & Co. KG Norm-, DIN-Elemente, Wälzlager, Kupplungen, Welle-Nabe-Verbindungen
www.misumi-europe.com	Misumi Europa GmbH Norm-, DIN-, Vorrichtungs-, Bedienelemente, Wälzlager, Koordinatentische, Stahlwellen, Lagergehäuse, Zahnstangen, Lineareinheiten
www.norelem.de	Norelem Normelemente KG Vorrichtungselemente, Norm- und DIN-Teile
www.ott-jakob.de	Ott-Jakob Spannelemente GmbH Werkzeugspanner, Drehdurchführungen
www.ringspann.com	RINGSPANN GmbH Spanntechnik, Freilauf- und Bremstechnik, Flanschdorne, Welle-Nabe-Verbindungen
www.roehm.biz	Röhm GmbH Sontheim Kraftspannfutter, NC-Spanner, Spanndorne, Greifer, Spannsätze
www.roemheld.de	Römheld GmbH Friedrichshütte Spannelemente (elektrisch, hydraulisch), Abstützelemente, Ölzuführungselemente, Zentrisch-Spanner, Vorrichtungsspanner (hydraulisch), Pneumatikelemente
www.rollon.de	Rollon GmbH Profil-, Teleskopschienen, Linearführungen, Kreuztische, Laufrollen-, Bogenführungen, Linearkugellager, -Achsen, Miniatur-Profilschienenführungen
www.sav-spanntechnik.de	SAV Spann-Automations-Normteiletechnik GmbH Magnet-, Vakuumspannsysteme, mechanische Spannmittel, Normteile, Kleinmagnete, Sinustische, Kraftspanner, Pneumatikkomponenten, Greifer
www.strack.de	Strack Norma GmbH & Co. KG Normlinien für Spritzgieß- und Druckgießwerkzeuge, Bauelemente für Stanz- und Umformwerkzeuge, Komplettwerkzeuge, Einzelteile, Blockzylinder, Kernkühlung
www.system3r.com	System 3R Europe GmbH Modular-Rasterspannsysteme, Spann-, Anpasselemente, Spannplatten, -Würfel, -Winkel
www.vlm-wildberg.de	Vorrichtungs- und Lehrenbau Müller GmbH Spann-, Fräs-, Mess-, Zuführ-, Bohr-, Schleifvorrichtungen
www.wiso-spannsystem.de	WISO GmbH Multiflexibles Spannsystem, Grund-Spann-Adapterplatten
www.zentrierspanner.de	HiCo Hartmann & Co. KG Spanntechnik Zentrierspanner, Vakuum-Spannsysteme, Mehrfachspannvorrichtungen, Spannstöcke

www.zimmergroup.de   Zimmer GmbH
                            Greifer, Schwenkeinheiten, Vakuum-Komponenten, Drehflügelzylinder

14.3 机械制造专业词语 德语–英语

3D-CAD	3D-CAD	3D-CAD
3D-Modell	3D-Model	3D 模型
3D-Scanner	3D-scanner	3D 扫描仪
4-Punkte-Schema	4 point scheme	4 点法

A

Abdichtung, hermetische	hermetic packing, hermetic sealing	全包装，完全密封
Abfall	waste product	废料
Abfallrecycling	waste recycling	废料回收
Ablaufplan	flow diagram	流程图
Absatz	step	轴肩
Abstraktion	abstraction	抽象化
Abstreifring	wiper ring	挡油环
Achsabstand	center distance	轴间距
Achse	axle	轴
Achsversatz	axle offset	轴偏置
Alterung	ageing	时效，老化
Altstoffrecycling	used material recycling	废旧材料循环利用
Analyse	analysis	分析
Anforderungsliste	requirements list	需求清单
angestellte Lagerung	bearing fixed	固定支承
Angusssystem	gate system	浇注系统
Anisotropie	anisotropy	各向异性
A-Normen	A standards	A 级标准
Anpassungskonstruktion	adaptive design	适应性设计
Anschnitt	gate	截面
Anschweißmutter	welding screw nut	焊接螺母
Anthropometrie	anthropometry	人体测量学
Antriebswelle	motor shaft	输入轴
Anziehfaktor	tightness factor	紧密系数
Anzugsmoment	tightness torque	紧固力矩
Aramid	aramid	芳纶
Assoziation	association	协会
Ästhetik	aesthetics	美学
Aufgabenstellung	task	提出任务
Ausarbeiten	detail design	细节设计，润色
Ausnutzungsgrad	capacity factor	利用率
Ausschlagkraft	deflection force	偏转力

Auswertetabelle	evaluation schedule	评价指标列表
Auswuchten	balancing of wheels, wheel balancing	平衡轮
Automatikbetrieb	automatic mode	自动模式
Automatikgetriebe	automatic transmission	自动传动装置
Axiallager	thrust bearing	推力轴承

B

Barriere	barrier	障碍
Basisanforderungen	basic requirement	基本需求
Baugruppe	subassembly	组件
Bauteil	part	构件
Bauteiloptimierung	component optimization	构件优化
Bauteilversagen	component failure	构件失效
Beanspruchung	stress	应力
Beanspruchung, dynamische	stress, dynamic	应力,动态
Beanspruchung, schwingende	stress, oscillatory	应力，振动
Bediengerät	control panel	操纵板
Befestigungsschraube	fastening screw	紧固螺栓
Begeisterungsanforderung	enthusiasm requirement	激励需求
Belastung, dynamische	load, dynamic	负载，动态
Beleuchtung	lighting	照明
Benutzerfunktion	users's funtion	用户功能
Berechnung	calculation	计算
Berufsgenossenschaftliche Vorschriften(BGV)	German Occupational Health and Safety Regulations of the trade associations	德国贸易协会职业健康安全法规
Berührdichtung	contacting gasket	接触垫圈
Betriebsanleitung	operating instructions	操作说明
Betriebsartenwahl	operating mode selection	操作模式选择
Betriebskraft	operational force	操作力
Betriebsspiel	operational loss	操作损失
Bewegungsschraube	screw drive	螺旋传动
Bewerten	evaluation	评价
Bewertungskriterium	rating criterion, evaluation criterion	评价标准
Bewertungsverfahren	evaluation procedure	评价流程
Biegebalken	bending girder	折弯机横梁
Biegebeanspruchung	bending stress	弯曲应力
Biegemoment	bending torque	弯矩
Biegespannung	bending stress	弯曲应力
Biegewechselfestigkeit	alternating bending strength	弯曲疲劳强度
biegsame Welle	flexible shaft	柔性轴
Biegung	flexion	柔度
Bionik	bionic	仿生学的
Blechschraube	sheet metal screw	金属板螺栓

Blechverschraubung	sheet metal screwing	金属板螺栓连接
Blindnietgewindebolzen	blind riveting stud	盲孔铆钉螺栓
Blindnietmutter	blind riveting screw nut	盲孔铆钉螺母
B-Normen	B standards	B 级标准
Bolzenkupplung	bolt coupling	插销联轴器
Bördelmutter	rivet nut	铆螺母
Bowdenzug	Bowden pull drive	Bowden 牵引驱动
Bremse	brake	制动
Bruch	fracture	断裂
Buchsenkette	shell chain	套筒链

C

CAD-Arbeitsplatz	CAD workplace	CAD 工作站
CE-Kennzeichnung	CE marking	CE 认证
CE-Symbol	CE symbol	CE 标志
C-Normen	C standards	C 级标准

D

Dachprisma	roof prism	屋脊棱镜
Datenbank	data base	数据库
Dauerbruch	fatigue fracture	疲劳断裂
Dauerfestigkeitsschaubild	fatigue strength diagram	疲劳强度图
Dauerschwingfestigkeit	fatigue limit	疲劳极限
Dehnschraube	antifatigue-shaft bolt	耐疲劳螺栓
Demontage	disassembly	拆卸
Denkprozess	thinking process	思维过程
Designmodell	design model	设计模型
Detaillierung	itemizing	详细说明
Dichtsystem, berührungsloses	sealing system, contactless	密封系统，非接触式
Dichtung	sealing	密封
Dichtung, dynamische	sealing, dynamic	密封，动态
Dichtung, statische	sealing, static	密封，静态
Dimensionieren	dimensioning	尺寸标注
Drahtmodell	wire model	线型模型
Drehlager	rotary bearing	旋转轴承
Drossel	throttle valve	节流阀
Druck	pressure	压强
Druckbeanspruchung	compressive stress	压应力
Druckkraft	compressive force	压力
Druckprobe	compressive trial	抗压试验
Druckversuch	compression test	抗压试验

E

E-Gewinde	E thread	E 螺纹
Eigenspannung	internal stress	内应力
Eindeutigkeit	clarity	明确性
Einfachheit	simplicity	简易性
Eingriffsteilung	base pitch	基圆节距
Eingriffwinkel	pressure angle	压力角
Einpressgeschwindigkeit	force-fitting speed	压入速度
Einrichtebetrieb	tool settling mode	调整操作
Einscheibenkupplung	single-disk clutch	单片离合器
Einschraubtiefe	thread reach	旋入深度
Einstanzmutter	insert nut	嵌入螺母
Einstich	turned groove	车槽
Elastomerfeder	Elastomer spring	橡塑弹簧
Elastomerkern	Elastomer core	橡塑弹性芯体
Eltern-Kind-Beziehung	parent-child relationship	父子关系
Energie	energy	能量
Engstelle	narrow	狭窄部分
Entdröhnen	antidrumming	降噪
Entformung	demoulding	脱模
Entformungsschräge	draft angle	拔模斜度
Entlastungsbohrung	stress relief hole	卸压孔
Entsorgung	waste disposal	废物处理
Entwerfen, Entwickeln	design	设计
Entwicklung	engineering	工程
Entwurf	embodiment design	结构草图
Ergonomie	ergonomics	人体工程学
Ergonomie-Modell	ergonomic model	人体工程学模型
Ermüdung	fatigue	疲劳
Ersatzquerschnitt	equivalent cross section	等效截面
Erzeugnisgliederung	product structure	产品结构
EU-Maschinenrichtlinien	machinery directive	欧盟机械指南
Evolvente	involutes	渐开线
Evolventenverzahnung	involute toothing	渐开线啮合
Extrudieren	extrusion	挤出成型
Exzenterwelle	excentric shaft	偏心轴

F

Fächerscheibe	serrated lock washer	锯齿垫圈
Fahrradnabe	hub of bicycle wheel	自行车轮毂
Faltenbalg	folded sealing	折叠密封
Faltschachtel	folded box	折叠盒
Fangstelle	capture point	捕获点

Faserverlauf	fiber orientation	纤维取向
FDM	FDM（Fused Deposition Modeling）	熔融沉积造型
Feder	spring	弹簧
Federelement	spring element	弹簧元件
Federkraft	elastic force	弹力
Federring	lock washer	防松垫圈
Federsteifigkeit	stiffness	弹簧刚度
Feingewinde	fine-pitch thread	细牙螺纹
Fertigung	manufacturing	制造
Fertigungskosten	manufacturing costs	制造成本
Fertigungsunterlage	production documents	生产文件
Fertigungsverfahren	manufacturing methods	制造方法
Festforderung	fixed demand	固定需求
Festigkeitslehre	science of the strength of materials	强度理论
Festlager	fixed bearing	固定支承
Fettschmierung	grease lubrication	脂润滑
Feuchtigkeitsabhängigkeit	humidity function	湿度敏感性
Filmscharnier	film hinge, integral hinge	薄膜铰链
Flächeninhalt	area	面积
Flächenmodell	surface model	表面模型
Flächenpressung	surface pressure	表面压力
Flächenträgheitsmoment	geometrical moment of inertia	面转动惯量
Flachriemen	flat belt	平型带
Fleyerkette	Fleyer's chain	Fleyer 链
Fliehkraftbremse	centrifugal brake	离心式制动器
Fliehkraftkupplung	centrifugal clutch	离心式离合器
Fließkurve	flow curve	流动曲线
Flügelmutter	fly nut	蝶形螺母

G

Gabel	fork	叉
Gabelkopf	fork joint	叉头连接
Gegenhalter	counter holder	后座
Gegenklemmschraube	counter clamp screw	反向夹紧螺栓
Gegenmutter	counter nut	沉头螺母
Gehäuse	casing; housing	外壳；壳体
Gehäuseverschraubung	housing screw connection	外壳螺旋连接
Gelenk	hinge	铰链
Gelenkbolzen	hinge bolt	铰接螺栓
Gelenkschraube	pivot screw; swivel screw	旋转螺栓
Gelenkwelle	cardan shaft	万向轴
Gelenkzapfen	hinge pivot	铰链节点
Gesenk	die	模

Gestell	rack	机架
Gestell-Ständer	rack pedestal	机架底座
Getriebe	gear	齿轮
Getriebegehäuse	gear case; gear box	齿轮箱
Getriebemotor	gear motor	齿轮电动机
Gewinde	thread	螺纹
Gewindebolzen	threaded bolt	螺纹栓
Gewindestift	threaded pin	螺纹销
Gewindeschneidwerkzeug	threading tool	螺纹刀具
Gewindespindel	threaded spindle	螺旋主轴
Gewindezapfen	threaded pivot	螺纹枢
Gießbacke	casting jaw	铸造颌垫
Glatthautnietung	smooth-skinned riveting	光滑表面铆接
Glattwalzwerkzeug	smooth roll crusher	滚抛磨削刀具
Gleitfeder	sliding key	滑键
Gleitlager	plain bearing; slide bearing	平面轴承；滑动轴承
Gleitringdichtung	slide ring seal; mechanical seal	滑动环密封；机械密封
Graugussbuchse	grey iron bush; grey cast iron bush	灰铸铁套筒
Greifbacke	gripping jaw	夹爪
Greifer	gripper	抓具
Greifzange	gripping tongues	夹钳
Griffmutter	gripping nut	翼形螺母
Griffschraube	gripping screw	翼形螺栓
Grundbuchse	base bush	底座套筒
Grundkörper	base body	基体
Grundplatte	base plate	底板
Grundteller	base plate	底板
Gummi	rubber	橡胶
Gummifeder	rubber spring	橡胶弹簧
Gummipuffer	rubber buffer	橡胶缓冲装置
Gurtauflage	strap support	吊架
Gussgehäuse	cast casing	铸造壳

H

Hakenschraube	hook screw	带钩螺钉
Halbrundniet	half-round rivet; round head rivet	半圆头铆钉；圆头铆钉
Haltevorrichtung	holding device	夹持装置
Handdrehtisch	hand rotary table	手动转盘
Handgriffbügel	hand grip; handle	手柄；把手
Handhebel	hand lever	手柄
Handhebelpresse	hand lever press	手柄压力机
Handkurbel, gekröpfte	crank handle	手摇曲柄
Handratsche	hand ratchet	手动棘轮

Hartmetalleinsatz	hard metal insert	硬质合金嵌件
Hauptwelle	main shaft	主轴
Hebel	lever	杆
Hebelauswerfer	lever ejector	推料器杆
Hebelpresse	lever press	杠杆式压力机
Hemmschuh	skid	制动瓦
Höcker	hump	峰
Höhenblock	vertical block	立式块
Hohlkeil	hollow key	空心键
Hohlzylinder	hollow cylinder	空心圆柱体
Hohlniet	hollow rivet; tubular rivet	空心铆钉；管型铆钉
Hub	stroke	冲程
Hubbegrenzung	stroke limiter	冲程限制器
Hubstange	lifting rod	升降杆
Hülse	sleeve	套
Hülsenkupplung	sleeve coupling	套筒联轴节

I

Imbusschraube	socket head screw	凹头螺栓
Innensechskantschraube	hexagon socket head screw	内六角螺栓
Isolierplatte	insulating plate	绝缘板

J

Joch	yoke	轭
Jochplatte	yoke plate	轭板
Justierbolzen	adjusting bolt	调整螺栓
Justiervorrichtung	adjusting device	调整装置

K

Kalottenscheibe	spherical cap disk	球形盘
Kasten	box	箱
Kegel	taper	锥
Kegelbuchse	tapered bush	锥形套筒
Kegeldorn	tapered mandrel	锥形心轴
Kegelgriff	tapered handle	锥形手柄
Kegelhülse	tapered sleeve	锥形套
Kegelkuppe	flat point	平锥端
Kegelrad	bevel wheel	锥齿轮
Kegelrollenlager	taper roller bearing	圆锥滚子轴承
Kegelstift	tapered pin	圆锥销
Keil	wedge; key	楔；键
Keilbolzen	wedge bolt	楔形螺栓
Keilklemmfläche	wedge clamp plane	楔形夹紧平面

Keilschraube	wedge screw	楔形螺栓
Keilstößel	wedge pestle	楔形推杆
Keilwelle	spline shaft	花键轴
Kerbstift	grooved dowel pin	槽销
Kette	chain	链
Kettentransportband	chain transport band	链式传送带
Kipphebel	tilting lever	倾斜操纵杆
Klappe	flap	阀门
Klappenschraubverschluss	flap screw lock	阀门螺旋盖
Klaue	claw	爪
Klauenkupplung	claw coupling	爪形连接器
Klebstoff	glue	胶合物
Klemmbacke	clamp jaw	夹爪
Klemmbuchse	clamp bush	夹紧套筒
Klinke	latch; pawl	卡齿；卡爪
Knebel	tommy, T-handle	夹紧旋杆；T 型把手
Knebelmutter	tommy nut	夹紧螺母
Knebelnabe	tommy hub	夹紧轮毂
Knebelschraube	tommy screw	夹紧手柄螺栓
Kniehebel	knee lever	曲柄杠杆
Knopf	button	按钮
Kolben	piston	活塞
Kolbenstange	piston rod	活塞杆
Kopfniet	head rivet	有头铆钉
Korbfutter	basket chuck	篮式卡盘
Körnerspitze	centre point	中心孔尖端
Kreuzgelenk	universal joint	万向接头
Kreuzgelenkkupplung	universal joint coupling	万向联轴节
Kreuzgriff	cross handle; star handle	十字手柄；星形手柄
Kreuzkopfindex	cross head index	十字滑块指针
Kreuzlochmutter	capstan nut	有孔螺母
Kreuzstift	cross pin	十字销
Kugel	ball	滚珠；球
Kugeleinstellbolzen	ball adjusting bolt	滚珠调节螺栓
Kugelgelenkkupplung	ball joint coupling	滚珠万向接头
Kugelgriff	ball handle	球形手柄
Kugelhalter	ball holder; ball bearing cage	滚珠轴承固定器；滚珠轴承保持架
Kugelknopf	ball knob	球形钮
Kugellager	ball bearing	球轴承
Kugelpfanne	ball pan	球形座
Kugelraster	ball catch; ball raster	球掣
Kugelscheibe	ball disk	球形垫圈

Kunststoff	synthetic material	合成材料
Kupfereinlage	copper insert	铜镶件
Kupplung	coupling	联轴器
Kurbel	crank	曲柄
Kurvenscheibe	cam disk	凸轮
Kurzhubzylinder	lifting cylinder; short stroke cylinder	起重缸；短行程缸

L

Lager	bearing	轴承
Lagerausziehvorrichtung	bearing extracting device	轴承拆卸装置
Lagerbock	pedestal	轴承座
Lagerdeckel	bearing cover	轴承盖
Lagerflansch	bearing flange	轴承法兰
Langlochschlitz	long hole slit	深孔裂缝
Lasche	strap	压板；接片
Laufrolle	runner	滑轮
Laufschiene	running rail; guide rail	导轨
Laufwagen	track carriage; trolley	有轨起重车；手推车
Lederlasche	leather strap	皮带
Lederlaschenkupplung	leather strap coupling	皮带连接
Lehre	gauge	量规
Leichtmetall	light metal	轻金属
Leiste	gib	导向
Leitpatrone	leader	导向套筒
Lenker	conducting rod	传动杆
Linksgewinde	lefthand thread	左手螺旋
Linkslauf	lefthand runnıng	左旋
Linsenkopfschraube	lens head screw	扁圆顶头螺栓
Linsenkuppe ,Schraube	rounded-off end screw cap	扁圆头螺栓
Lochmutter	capstan nut	槽型螺母
Lochstempel	piercing punch	冲孔凸模
Loslager	loose bearing	浮动轴承
Lunker	shrink hole	缩孔

M

Manschette	collar; sleeve	密封圈；密封套
Maschinenbett	machine bed	机器底座
Maschinengestell	machine pedestal	机架
Matrizenhalter	matrix holder	凹模座
Mehrfachfräsvorrichtung	multiple milling device	多重焊接设备
Mehrfrässpanndorn	multi-milling cutter mandrel	多重铣床主轴
Mehrspindelkopf	multi-spindle head	多主轴头
Membran	diaphragm	隔板

Membrankupplung	diaphragm coupling	隔板连接
Messinghülse	brass sleeve	黄铜轴套
Mitnehmer	dog; catch	卡爪；夹头
Möbelroller	furniture dolly	家具滚动装置
Montagewand	assembly wall	装配壁
Mutter	nut	螺母

N

Nabe	hub	轮毂
Nadellager	needle roller bearing	滚针轴承
Nadelhülsenbord	needle sleeve rim	滚针套筒凸缘
Näherungsschalter	proximity switch	接近开关
Nasenkeil	nose key	钩头键
Niederzugsspanner	down pulling clamp	下拉式夹具
Niet	rivet	铆钉
Nietformstempel	rivet form punch	铆钉成型凸模
Nietstempelhalter	rivet punch holder	铆钉凸模座
Nietzange	rivet collet	拔铆钳
Nocke	cam	凸轮
Nut	groove	凹槽
Nutbolzen	groove bolt	开槽螺栓
Nutenstein	sliding block	滑块
Nutmutter	slotted round nut; grooved nut	开槽圆头螺母；开槽螺母

O

Ölloch	oil hole	油孔
Ölschauglas	oil sight glass	油位观察窗玻璃
Ölnut	oil groove	油槽
Ölwanne	oil pan	油底壳

P

Passfeder	fitting key	滑键
Passschraube	fitting screw	密配螺栓
Pendel	pendulum	钟摆
Pendelkugellager	self-aligning ball bearing	自位球轴承
Pendelmutter	pendulum nut	调心螺母
Pendelnietvorrichtung	pendulum rivet device	钟摆铆接装置
Pendelrollenlager	self-aligning roller bearing	自位滚子轴承
Pendelschwinge	pendulum swinging beam	钟摆摇杆
Pilzdorn	mushroom shaped mandrel	蘑菇型心轴
Planfläche	face	平面
Platte	plate	板；盘
Pleuelstange	connecting rod	连杆

Positioniereinrichtung	positioning installation	安装定位
Prägestempel	forming punch	冲压凸模
Prägevorrichtung	stamping device	冲压装置
Pressdorn	press mandrel	压入心轴
Presskraftausgleich	press power compensation	压力补偿
Pressluft	compressed air	压缩空气
Pressstößel	press ram	压力冲杆
Prisma	prism	棱柱
Profilleiste	molding	模具
Prüfmagnet	test magnet	测试磁铁

Q

Quadratlochplatte	square hole plate	方孔板
Querjoch	cross yoke	横梁
Querkeil	cross key; cotter	横键；销
Querschlitten	cross slide	横向溜板
Querspannschraube	cross clamping screw	横向紧固螺栓

R

Radiallager	radial bearing	径向轴承
Rändelmutter	knurled nut	滚花螺母
Rändelschraube	knurled screw	滚花螺栓
Rastbolzen	index bolt; locking pin	止动螺栓；防松螺栓
Rasterscheibe	screen disk	分度盘
Rasterklinke	catch pawl	棘爪
Rastkupplung	catch coupling	棘爪连接
Ratsche	ratchet	棘轮
Räumnadel	reaming needle	拉刀
Raupenzuführband	caterpillar feed band	履带式输送带
Rechtsgewinde	right-hand thread	右手螺旋
Rechtslauf	right-hand running	右旋
Reibahle	reamer	铰刀
Reibkegel	friction taper	摩擦锥
Reibkupplung	friction coupling	摩擦离合器连接
Reitstock	tailstock	尾座
Riegel	locking bolt	止动螺栓
Riemen	belt	带
Riemenscheibe	pulley	皮带轮
Riffelverzahnung	riffle toothing	槽啮合
Rillenkugellager	grooved ball bearing	向心球轴承
Ringmutter	ring nut	环形螺母
Ritzel	pinion	小齿轮
Ritzelwelle	pinion shaft	小齿轮轴

Rohr	pipe	管件
Rohrschneider	pipe cutter	截管器
Rohrschraubstock	pipe vice	管虎钳
Rollenkette	roller chain	滚子链
Rolliernadel	tumble needle	滚针
Rollschiene	runner	辊道
Rückholfeder	recuperating spring	回动弹簧
Rückholkralle	retracting claw; recuperating claw	回动爪
Rückschlagventil	return valve	逆止阀
Rücksprung	setback	反弹
Rückstellfederung	readjusting spring lever	回调弹簧杆
Rückzugbegrenzung	return limitation	回程限制
Rundschaltvorrichtung	round switch device	圆周转换装置
Rundstahlgriff	round steel handle	圆钢手柄
Rundtisch	rotary table; turntable	回转台；转盘

S

Sackbohrung	pocket hole	盲孔
Sägeblatt	saw blade	锯条
Satzfräser	gang hob; milling cutter	组合铣刀
Säule	Pillar	柱
Säulengestell	pillar rack	圆柱架
Säulenmutter（Kalotte）	pillar nut（spherical cap）	柱形螺母(球形顶)
Schachtmagazin	shaft magazine	轴工具盒
Schaftfräser	cylindrical cutter	圆柱铣刀
Schalenkupplung	box coupling; sleeve coupling	铸型连接；套筒连接
Schaltgehäuse	switch housing	开关壳
Schaltklinke	Pawl	制动爪
Schaltkupplung	clutch	换挡离合器
Schaltnocke	switch cam	开关凸轮
Scheibe	disk	盘
Scheibenblock	disk block	盘形块
Scheibenfeder	disk spring	盘形弹簧
Scheibenkupplung	disk coupling	盘形联轴器
Schenkelfeder	neck spring	轴颈弹簧
Schiebekeil	shifting wedge	可动楔块
Schieber	slide	滑块
Schiene	rail	导轨
Schlag	eccentricity	冲击
Schlagstempel	impact stamp	印模
Schlangenfederkupplung	spiral spring coupling	螺旋弹簧联轴器
Schleifscheibe	grinding disk	砂轮
Schleifvorrichtung	grinding device	磨削装置

Schlitten	slide	滑块
Schlitzmutter	slotted nut	开槽螺母
Schlitzscheibe	slotted disk	开槽圆盘
Schlitzschraube	slotted screw	开槽螺栓
Schlüsselgriff	key bow	键柄
Schmiernippel	lubrication nipple	润滑喷嘴
Schnappverschluss	snap plug	弹簧锁
Schnecke	worm	蜗杆
Schneckengetriebe	worm gear	蜗轮
Schneidbuchse	cutting bush	切割套筒
Schneidrad	cutting wheel	切割轮
Schnellspannelement	quick clamp element	快速夹紧元件
Schnellwechselkupplung	quick change coupling	快换联轴器
Schrägaufzug	inclined lift	倾斜式升降装置
Schrägkugellager	angular contact ball bearing	径向推力滚子轴承
Schraube	screw	螺旋
Schraubenbolzen	screw bolt	螺栓
Schraubennuss	screw driver button die	螺旋套筒头
Schraublehrenhalter	screw gauge holder	螺旋量规座
Schraubstock	vice	虎钳
Schrumpfscheibe	shrink disk	收缩套
Schubbolzen	thrust bolt	止推螺栓
Schubstange	connection rod	连杆
Schulterkugellager	magneto -type ball bearing	径向推力滚子轴承
Schwalbenschwanzführung	dovetail guide	燕尾导轨
Schweißbrenner	welding torch	焊炬
Schwenkarm	swivel arm	摇杆
Schwenkbock	swivel trestle	摆架
Schwenkgabel	swivel fork	旋转叉
Schwenkhebel	swivel lever	摇杆
Schwenkhebelverschluss	swivel lever plug	摇杆插头
Schwenkklappe	swivel flap	变向阀瓣
Schwenkriegel	swivel latch	转动闩扣
Schwenkscheibe	swivel disk	摆动盘
Schwinger	rocker arm	摆动器
Sechkantmutter	hexagon nut	六角螺母
Sechkantschraube	hexagon screw	六角螺栓
Seiltrommel	rope drum	盘绳滚筒
Seilwinde	rope winch	卷扬机
Seitendruckstück	lateral pressure piece	横向压力元件
Seitenformat	lateral format	横向格式
Senker	counter sinker	埋头钻
Senkschraube	counter sunk screw	沉头螺钉

Sicherheitsblech	locking plate	防松板
Sicherheitskupplung	safety coupling	保险联轴器
Sicherheitsnase	safety nose	安全凸缘
Sicherungsmutter	securing nut	紧固螺母
Sicherungsscheibe	securing disk	保险垫片
Sollbruchstelle	desired location of fracture	期望临界点
Späne	chips	切屑
Spannbacke	clamp chuck	夹钳
Spannbohrbuchse	clamp drill bush	夹紧钻套
Spannbrücke	clamp bridge	卡规
Spannbügel	clamp clip	夹紧卡板
Spanndorn	clamp mandrel	夹紧心轴
Spanneisen	clamp iron	夹铁
Spannexzenter	clamp eccentric	偏心夹具
Spannfläche	clamp surface	夹紧表面
Spannfutter	clamp chuck	卡盘
Spannglocke	clamp bell-type piece	夹紧钟形件
Spannhaken	clamp hook	夹紧钩
Spannhebel	clamp lever	夹紧杆
Spannhülse	clamp sleeve	夹紧套筒
Spannkegel	clamp cone	夹紧锥
Spannkeil	clamp wedge	夹紧楔
Spannklaue	clamp claw	夹钳
Spannkorb	clamp basket	夹紧篮
Spannpinole	clamp spindle sleeve	夹紧顶尖套筒
Spannpratze	clamp law	夹钳
Spannradius	clamp radius	夹紧半径
Spannsatz	clamp set	夹紧套
Spannschlitz	clamp slit	夹紧切口
Spannschraube	clamp screw	夹紧螺栓
Spannteller	clamp plate	夹紧盘
Spannvorrichtung	clamp device	夹紧装置
Spannwippe	clamp rocker arm	夹紧摇杆
Spannzange	clamp collet	弹簧夹
Sperrbolzen	barring bolt	止动螺栓
Sperrkörper	ratchet body safety coupling	棘轮体安全联轴器
Sperrkugel	barring ball	止动球
Sperrstift	locking pin	锁紧销
Spindel	spindle	主轴
Spindelkopf	spindle head	主轴头
Spiralbohrer	twist drill	螺旋钻
Spreiz-Blindniet	spreader blind rivet	伸展盲孔铆钉
Spreizdorn	spreader mandrel	心轴

Spreizhülse	spreader sleeve	弹性套筒
Sprengring	snap ring	卡环
Spritzgußform	die-casting mould	压铸模
Sprühscheibe	spray disk	喷射盘
Stabfederkupplung	torsion spring suspension coupling	扭杆弹簧联轴器
Ständer	Pillar	柱
Stange	rod bar	棒材
Stanzwerkzeug	punching tool	冲压工具
Staubscheibe	dust disk	防尘盘
Stauchung	compression, upsetting deformation	墩粗变形
Steckbohrbuchse	plug-in drill bush	插入式钻套
Steckbolzen	plug-in bolt	插销
Steckscheibe	plug-in washer	插入垫片
Steckschraube	plug-in screw	插入螺栓
Steg	traverse	横梁腹板
Steharbeitsplatz	standing workplace	立式工位
Stehen	standing	支架
Steifigkeit	stiffness	刚性
Stellklinke	adjusting ratchet	调整棘轮
Stellleiste	adiusting gib	调整镶条
Stellmutter	adjusting nut	调整螺母
Stellraste	set catch	调整切口
Stellteil	control pin	控制销
Stempel	punch; stamp	冲头；凸模
Sterngriff	star grip	星形手柄
Sternradgetriebe	star wheel gear	星形轮转动机构
Sternscheibe	star washer	星形垫片
Steuerung	control unit	控制单元
Stichelhans	tool-holder	刀架
Stick-Slip-Effekt	stick slip effect	粘滑效应
Stift	pin	销钉
Stiftschraube	stud bolt，double-end stud	双头螺栓；双头螺钉
Stiftverbindung	stud connection	螺柱连接
Stillsetzen	stopping	停车
Stirnfräser	milling cutter	端铣刀
Stirnrad	spur-toothed wheel	圆柱齿轮
Stofflichkeit	material character, materiality	材料特性
Stopfbuchse	stuffing box	密封箱
Stopfen	Plug	塞
Stößel	ran	推杆
Streckschraube	strech screw	拉伸螺栓
Streckspannung	yield stress	屈服应力
Streifendruckplatte	strip presssure plate	带状压盘

Stribeck-Kurve	Stribecks's diagram	斯氏曲线
Stribeck'sche Pressung	Stribeck's squeeze	斯氏挤压
Strömung	flow	流
Strömungsgeräusch	flow noise	流噪声
Strömungskupplung	fluid or turbo coupling	液力耦合器
Stückliste	parts list	零件明细表
Stützbolzen	supporting bolt	支撑螺栓
Stütze	support	支承
Stützring	suppporting ring	支撑环
Stufenring	step ring	阶梯环
Symbol	symbol	标记
Synthese	synthesis	合成
Systematik	systematics, classification	系统学；分类学

<h2>T</h2>

Tastatur	key board	键盘
Teilfunktion	subfunction	子功能
Teilkreisdurchmesser	reference circle diameter	分度圆直径
Teilung	pitch	节距；螺距
Temperaturabhängigkeit	temperature-dependence	温度敏感性
Termin	appointment, date	期限；日期
Toleranzanalyse	tolerance analysis	公差分析
Toleranzbereich	range of tolerance	公差带
Tonnenlager	spherical roller bearing	球面滚子轴承
Topologieoptimierung	topological optimizing	拓扑优化
Torsion	Torsion	扭转
Torsionsbeanspruchung	torsional stress	扭转应力
Torsionsmoment	torsional moment	扭矩
Torsionsschwellfestigkeit	torsional cyclic stength	扭转循环疲劳强度
Torsionsspannung	torsional stress	扭转应力
Torsionwechselfestigkeit	torsional reversed strength	扭转交变疲劳强度
Torx-Schraube	torx screw	torx 螺栓
Tragfähigkeit	load-bearing capacity	承载能力
Trägheitskraft	inertial force	惯性力
Trägheitsmoment	moment of inertia	惯性矩
Tragzahl	ultimate load number	承载量
Transportmittel	means of transportation, means of conveyance	运输工具；传送工具
Transportwagen	transfer car, trolley	运输车；手推车
Trapezgewinde	trapezoidal thread	梯形螺纹
Trennebene	parting surface	分型面
Triebstock	lantern pinion	滚销齿
Trimmfunktion	trimming function	切边功能

Trittfläche	stair surface	踏板面
Trockenlaufgleitlager	dry running bearing	无润滑运转滑动轴承
Trommelkupplung	drum clutch	滚筒离合器
Tröpfchenschmierung	drip feed lubricaton	滴油润滑

U

Überwachung	observation	监测
Umfangslast	peripheral load	外围负载
Umzäunung	fence	防护装置
Unterlegscheibe	plain washer	平垫片
Unwucht	unbalanced mass	不平衡度

V

Variantenkonstruktion	variant design	变型设计
Variation	variation	变量
Verformung	deformation	变形
Verlagerung	dislocation	位错
Versagensverhalten	failure behavior	失效
Verschleiß	wear	磨损
Verschleißlenkung	wear guidance	磨损指标
Verschraubung	threaded joint	螺纹连接
Vertrieb	distribution	销售
Verzahnung	toothed wheel work	啮合
Verzahnungswirkungsgrad	tooth wheel efficiency	啮合度
Verzug	distortion	扭曲
V-Führung	V guideway	V 形导轨
Vierpunktlager	four point bearing	四点支承
Virtualisierung	virtualization	虚拟化
Volumenmodell	volume model	体模型
Vorrangmatrix	priority matrix	优选矩阵
Volumenspindel	feed spindle	进给主轴
Vorspannkraft	preload	预应力
Vorspannungsschaubild	preload diagram	预应力曲线
VRML	VRLM（Virtual Reality Modeling Language）	虚拟现实建模语言

W

Wälzlager	rolling fiber	滚动轴承
Wälzführung	rolling guideway	滚动导轨
Wälzgetriebe	rolling bear	滚动齿轮传动
Wandler, hydrodynamischer	converter, hydrodynamic	变流器；流体动力
Wandstärke	wall thickness	壁厚
Wandstärke, konstante	wall thickness, uniform	壁厚，恒定
Wärmeausdehnungskoeffizient	coefficient of thermal expansion	热膨胀系数

Wärmedehnung	thermal expansion	热膨胀
Wärmespannung	thermal stress	热应力
Weichstoffdichtung	soft material sealing	软材料密封
Weißmetall	white metal, white alloy	白色金属；白色合金
Weiterverwendung	reuse	再利用
Welle	shaft	轴
Welle-Nabe-Verbindung（WNV）	shaft hub connection	轴毂连接
Werkstoff	material	材料
Werkstoff, spröder	material, brittle	材料，脆性
Werkstoff, zäher	material, ductile	材料，延展性
Werkstoff, klebbarer	material glueable	材料，胶合性
Werkstoffkennwert	material characteristic	材料特性值
Werkzeugkonstruktion	tool design	刀具设计
Wert	value	价值
Wertbegriff	value term	价值概念
Wertfunktion	value function	价值函数
Wertigkeit, wirtschaftliche	rating, economical	价值，经济上
Widerstandsmoment	section modulus	阻力矩
Wiederverwendung	reutilization	再利用
Wiegedruckstück-Kette	weighing press element chain	称重压力元件链
Wirbelsäule	spine, spinal column	脊柱
Wirbelstromkupplung	eddy current clutch	涡流离合器
Wirkungsgrad	efficiency	效率
Withworth Gewinde	Withworth srew thread	Withworth 螺纹
WNV, Welle-Nabe-Verbindung	shaft-hub connection	轴毂连接
Wöhlerkurve	stress number curve	应力数曲线
Wöhlerlinie	stress-cycle diagram	疲劳曲线

Z

Zähnezahl	tooth number	齿数
Zahnform	tooth form	齿廓
Zahnhöhe	tooth height	齿高
Zahnkette	tooth chain	齿链
Zahnkupplung	denture clutch	齿式离合器
Zahnrad	gearwheel	齿轮
Zahnradgetriebe	toothed gearing	齿轮传动装置
Zahnradpumpe	gear pump	齿轮泵
Zahnriemen	tooth belt	齿形皮带
Zahnriementrieb	synchronous belt drive	齿形皮带驱动
Zahnscheibe	tooth lock washer	齿锁紧垫圈
Zahnstangentrieb	rack gear	齿条传动
Zahnstangen-Ritzel-Trieb	rack and pinion gear	齿条与小齿轮传动装置
Zahnwelle	spline shaft	花键轴

Zapfen	pivot	栓
Zeichnung	drawing	图样
Zeichnungsangaben	drawing specifications, drawing details	制图规范，制图数据
Zeitstandsversagen	creep rupture, creep damage	蠕变断裂，蠕变破坏
Zeitstandsversuch	creep test	蠕变试验
Zentrierbohrung	creep test	蠕变试验
Ziehkeilgetriebe	draw key transmission	牵引键传动
Zug	tension	拉力
Zug-Druck-Wechselfestigkeit	compression-tension fatigue limit	拉-压疲劳极限
Zugfestigkeit	tensile strength	抗拉强度
Zugmittelgetriebe	traction belt gear	牵引工具传动
Zugmittelgetriebe, linear	linear traction belt gear	线性牵引工具传动
Zugprobe	tensile test specimen	拉伸试验样品
Zugspannung	tensile stress	拉应力
Zugversuch	tension test	拉伸试验
Zykloidengetriebe	cycloidal gear	摆线传动装置
Zylinderkopfdichtung	cylinder hear gasket	气缸盖密封垫
Zylinderrollenlager	roller journal bearing, cylinder roller bearing	圆柱滚子轴承
Zylinderschraube	cylinder head screw, cheese-head screw	圆柱头螺栓

14.4 重要的技术指南和标准及 VDI 技术指导标准

最新的标准文件、DIN 文挡、VDI 技术指导标准都可以从 Beuth Verlag GmbH, Burggrafenstraße 6, 10787 Berlin 30，（http://www.beuth.de）获得。